アフリカから始める水の話

石川 薫　　中村 康明

keiso shobo

はしがき

印象派の巨匠、「光の画家」モネは自然や人を優しい光で包みこんだ。赤いけしが咲く丘の道を行く母と子を見守るような青い空と白い雲、一面の雪景色の中で輝く一羽のカササギ、あるいはセーヌ川で舟遊びをする人々にふり注ぐ夏の光、そして睡蓮の池面に映る柳と空。１００年前、光を探し求めていたモネがついに池でつかまえた光は、水であるかの如く、空気であるかの如く、じっと見つめていると光と水はまるで私たちのごく自然なパートナーであるかのように見えてくる。現に60年前、宇宙から初めて地球を見た人間、ガガーリンは「地球は青かった」と報告して人々を驚かせたが、今では宇宙ステーションから、ひいては月からも青と白に輝く美しい地球のカラー写真が送られてきて、私たちは光に包まれた「水の惑星」地球の姿をいつでも見ることができる。ところが、実は地球にある水のほとんどは塩水であって、淡水はわずか2・53%しかない。それどころか、淡水の大半は北極、南極あるいは深い地中や高い山の上にあり、人間が使える水は地球上の水の0・01%でしかない。となれば、水を私たちの自然なパートナーだと思っていたのはなにか錯覚だったのではないだろうか。

私たちは、何億年も前に遠い祖先が海の中で誕生して以来、水とは切っても切れない仲にある。人間も、動物も、植物も、水なしには生きていかれない。襲いかかるイギリス軍と勇猛果敢に闘ったことで知られるズールー王国の戦士たちの子孫は、今でも「水は命―アマンズィ・アインピロ」と言い、その言葉は南アフリカの玄関口ヨハネスブルグ空港に大書されている。現に水は日々の渇きをいやし、やがて農耕を可能ならしめ、農耕は定住そして集落を生み、やがて四大文明が大河の畔に生まれた。人々は天水以上の水を求めて水道橋を作って都市が栄え、灌漑水路を引いて定住の地を広げ、水の上で風の力を借りて船で遠くまで出かけていくことも覚えた。川や海は国造りのための交通インフラとなり、またある時には通商の道ともなり、遠い国の人々が交易を通じてコミュニティが生まれた。けれども、今から400年ほど前のこと、一天俄かにかき曇り、海が闇に覆われた。アジア人が発明した火薬と羅針盤を悪用したヨーロッパ人によって平和の海とコミュニティはかき乱され、ついには砲艦によって海洋帝国というものが出現した。勝者は正義が勝ったと誇り、敗者は不条理の前に沈黙するか滅びるかの道をたどった。

水はエネルギーも人間にプレゼントしてくれた。水車で水を汲みあげて農地や町に水を供給したり、水車小屋で粉を引いたりすることから始まり、そしてついに水と火を組み合わせることを思いついた。蒸気機関が生まれ、産業革命以降人々は科学や医学を飛躍的に進歩させていき、ダムをつくって洪水を抑え、水源から取りたいだけ水を取り、近代化という経済的繁栄の中で水道や工業用水として思い切り水を使い、そしてきれいにすることなしに川に戻した。科学技術や医学のすばらしい進歩の恩恵を受けるうちに、19世紀のはじめには10億人しかいなかった人間は2011年には70億人になり、2050年には100億人近くになる。地球という限られた空間に生きる人間は、たった250年の間に10倍になろうとしているのである。そうこうするうちに、もしかすると人間たちは水や自然と共生するという知恵をどこかに置き忘れてきたばかりか、母なる大地、母なる大河、母なる自然、という畏怖と敬愛を忘れてしまったようにすら思えてくる。

しかし気をつけなければならない。子どもを愛する母親は、具合が悪いとは決して自分からは言わないものなのだから。増え続ける子どもたちが好き勝手にしている間、子どもたちに気づかれないようにそっと体を横たえる時間が少しずつ増えていき、やがて井戸で水を汲むのも、床から起き上がるのもつらくなり、はっと子どもたちが気づいたときには静かに微笑みながら、もう目をあけることはなく横たわっているのだから。何も言わずに、沈黙のうちに、まるでレイチェル・カーソンの『沈黙の春』のように。

科学技術の進歩と素晴らしい経済的繁栄。そう謳歌する人に尋ねたい。なぜ日本のような美しいはずの国においても水を介する残酷な悲劇（四大公害病のうち3つ）が起きたのか、そして世界に目を向ければ、なぜ21世紀になって20年以上たつというのに今なお25億人の人間はトイレが自宅はおろか近所にもなく、10億人を超す人間は清潔な水とは無縁な生活をし、多くの国で年端もいかない女の子が1日6時間もかけて「たった」3杯の水、しかも泥水、を汲みに遠い水場まで歩かなければならないのだろうか、さらには、なぜ世界有数の大河で魚影が消え始めているのだろうか、と。

この本は、2018年に開発経済学者の小浜裕久氏とともに著した『「未解」のアフリカ』（勁草書房）のある意味続編とも言いうる。そのアフリカの歴史と開発の本は、「歴史と正義は勝った者が書く」ということは今も昔も世界中でそうなのだが、しかしアフリカについてはあまりにもアンフェアではないかとの強い思いをもって書いた。その本を出版してしばらくしてから、次は「水」について書いてみたらと小浜さんに言われたとき、これまで訪れたり住んだりした世界のさまざまな土地で見聞きした水のこと、水について教えてくださった多くの方々からうかがった話、仕事でご縁があった水のこと、血縁や地縁がある人が子どもの頃から話してくれた水にかかわる昔話、そのようにご縁とご恩がある方々の顔を思い出しながら、古今東西人間が水とともに歩んできた道を振り返ってみようかと思い至った。ただ書くからには、どちらかと言うと陽が当たらなかった人たち、繁栄への道の犠牲にされてしまった人たちの悲惨と悲嘆、忘れられているかもしれない先達、強者の正義の前に立ちすくんでしまった人たち、苦労惨憺して偉業を成し遂げた人たち、限られた字数の中でそのようなことをなるべく書いてみたいと考えた。それとともに、日本が歩んできた道も振り返りながら、私たち人間は母なる自然への畏怖と敬意をそろそろ思い出すべき時期にきているのではないかと、問いかけてみたいのである。

この本を書くと決めたとき、かつての同僚で砂漠の国で水のプロジェクトで苦楽を共にした農業土木の技師、中村康明さんを執筆に誘おうと考えた。当時、中村さんは農林水産省から派遣され、水資源灌漑、農業土地開拓、環境などの分野の支援を担当しており、この本に書いたナイル川沿いの農業用水の水枯れ対応などは中村さんとその先輩である日本の農業土木・農村振興技術者たちの知恵と人脈によって実現したものである。この本では、水と土に生きる人々の目線で、日本各地に残る先達の偉業をコラム形式で紹介してくれている。

中村さんはとうの昔に原稿を仕上げていたのだが、石川はいつもの悪癖が出て筆のスピードにむらがあり、当初考えていた予定よりもずっと遅くなってしまった。実は執筆中、小浜さんはもとより、世銀高官として活躍された浅沼信爾さんにもひとつ章を書きあげては原稿を読んでいただき、コメント・ご叱声を頂戴した。その上で勁草書房の宮本詳三さんにもドカンとコメントをいただいて、ようやく何とか出版にこぎつけた。小浜さん、浅沼さん、宮本さん、中村さんの忍耐強さがなければ、この本が陽の目を見るには至らなかったと思う。ただただ感謝するばかりである。

細心の注意を払ってこの本を書いたが、思わぬ勘違いや間違いがあるかもしれない。お気づきの点があればご指摘いただければ幸いである。また、この本は政治的主張には一切無縁のものであること、執筆内容については両著者個人の考えであって現勤務先や元勤務先の立場や意見とは関係がないことを念のため申し添えたい。

2022年2月

石川　薫

目次

第1章　アマンズィ・アインピロ——水は命

1　水と人間

「ゆく河の流れは絶えずして、しかももとの水にあらず。よどみに浮ぶうたかたは、かつ消えかつ結びて、久しくとゞまりたるためしなし。世中にある人と栖と、又かくのごとし。たましきの都のうちに、棟を並べ、甍を争へる、高き卑しき人のすまひは、世々を経て尽きせぬ物なれど、是をまことかと尋ぬれば、昔しありし家はまれなり。或は去年焼けて今年作れり。或は大家滅びて小家となる。住む人も是に同じ。所もかはらず、人も多かれど、古見し人は二三十が中に、わづかに一人二人なり。朝に死に、夕に生まるゝならひ、たゞ水の泡にぞ似たりける。[1]」

平安時代末期から鎌倉時代初期に生きた鴨長明は次から次に流れ下る河の水に母なる自然の永遠を

思い、その中の泡を見てはかない人生を思って無常を説いたと昔学校で習った。
くだって明治時代には、城が落ちて久しく時が流れても「千代の松枝」は枯れていない情景を土井晩翠が「荒城の月」として詠い、滝廉太郎の憂いに満ちた美しい曲とともに日本中で愛され、歌われ、さらには日本の代表的な歌曲として海外に紹介されてきた。

冬の間山に降り積もった雪や年間を通しての降雨のおかげで日本では河の水が枯れることはないし、松を枯らしてしまうほど長期間にわたって雨が降らないこともない。日本の原風景とも言える水田が広がる里の景色は何よりも雪解け水や梅雨の豊かな水を前提とし、またかつては大名の位が米の石高で表され、納税も米、侍の給与も米、という次第で大阪堂島市場が発達し、ひいては世界で初めて大阪堂島で先物取引が発明されるなど、日本の資本主義は米のおかげで実に古い伝統があるというのも歴然たる事実である。それはまた、元をたどれば豊富な水のお蔭と言っても過言ではあるまい。

今日の京都の年間降水量は１５２３ミリ[2]、鎌倉の年間降水量は１４０８ミリ[3]であるが、よくよく考えてみれば、「湯水のごとく」という表現をほかの国では聞いたことがない。それほどに水が豊かな日本では、江戸時代の三世紀に及ぶ太平の世、すなわち治安の良さと相まって、時に水争いは見られたにしても基本的には「水と安全はタダ」という意識がごく普通のこととして久しく私たちの中にあるのではないだろうか。

翻って、日本から6時間かけて東南アジアに飛び、乗り換えてさらに12時間近くインド洋の上を飛んでようやくたどり着く南アフリカ共和国のヨハネスブルグ空港。飛行機から降りて空港のパスポート審査場に向かう大きな階段の正面の壁に「Amanzi-ayimpilo, Water is Life」（水は命）と大書してある。そこは、ほかの国の多くの空港では「Welcome」（歓迎）と書いてあるような場所である。Water is Life が最初の歓迎の言葉とは……、ここはアフリカなのだ、南アフリカは豊かな国とはいえ、水こそが生きる礎なのだと厳しい大自然の現実を突きつけられる一瞬である。

南アフリカ共和国という国は自然も街も美しい。ヨハネスブルグ空港を出ればここはアメリカのカリフォルニアかと見まごうばかりの高速道路が地平線めがけて走っていることに驚き、街に入ればヨハネスブルグは高層ビル群の大都会、その近くにある首都プレトリアはジャカランダが咲き乱れる閑静なたたずまい。悪名高きアパルトヘイト時代が去った今ではアフリカ系、ヨーロッパ系、マレー・インドネシア系、インド系などいろいろな民族が仲良く暮らしているようにも見える。ところが、南アフリカ共和国の第一の特色であるこの複雑な民族構成を紐解けば、アフリカ大陸の最南端で繰り広げられたオランダ人対コイサン人、イギリス人対オランダ人、イギリス人対ズールー人などの凄惨な戦争のみならず、アジアでのオランダ人対ジャワ人、イギリス人対マレー人、イギリス人対インド人など、ヨーロッパ人の世界侵略の縮図ともいえる歴史の結果であることに複雑な思いを抱かざるをえない。なにしろ、そうした歴史の行き着いたところとして、住民を「人間」と「準人間」[4]に分けたとしか呼びようがない非道徳的で無慈悲なアパルトヘイトという人種差別制度を国家機構の根幹に置いたのであるから。そのあまりの冷酷さと非人道性に世界中が憤激してついに制裁を課した結果国として立ちいかなくなってアパルトヘイトが廃止され、27年間も牢獄につながれていた人種差別撤廃運動の指導者ネルソン・マンデラ氏が１９９４年に大統領に選出された。マンデラ氏はこのような悲しい歴史や怨念にとらわれることなく、逆に、多様性、虹の国、真実追求と和解、といった積極的な思考と政策で見事に南アフリカ共和国を生まれ変わらせ、広くそして深く尊敬を集めた。ところが、カリスマと哲学的尊厳に満ち満ちた指導者マンデラ大統領が１９９９年に引退し、その跡を継いで虹の国をなんとか守り抜こうと奮闘したターボ・ムベキ大統領は２００８年に政敵ズマに敗れてしまった。その頃すでに、南アフリカ共和国には隣国モザンビークで20年近くにわたった内戦が終わった後の余剰武器と不法移民がどっと押し寄せ、治安の悪化対策に悪戦苦闘していた。そうした状況の中で成立したズマ政権のもとでの南アフリカの社会と国家は汚職や腐敗にまみれるに至り、せっかくこれまで空の虹に向かって登ってきた丘からずるずると滑り落ち始め、ただただ悪化し続ける治安のみならず、各界における中間管理職の圧倒的不足などから、虹がどんどん色あせてしまった。ヨハネスブルグは世界有数の銃器犯罪の都市と化し、また組織・建物・設備・機器を維持管理するという「常識」が消滅したかのごとく電球が切れたままの信号機が現れ、ひいては高級ホテルのシーツに穴が開いているありさまになってしまった。

消えていくかに見えたのは虹ばかりではなく、虹の正体である水もまた生まれた後どう育てるかという課題に直面しているかのごとくであった。水が生まれたときの大きな喜び、それはマンデラ政権の下で推し進められていた国民皆に何とか水を届けようという政策によって生まれた。１９９９年１月、ムベキ副大統領（当時）と橋本龍太郎元総理を乗せたヘリコプターが、首都プレトリアからおよそ１００キロ東方のクワ・ンデベレ地区のクワ・ムランガ村に向かって飛んでいた[5]。眼下に広がるのは水のないアフリカの赤い大地、その先の目的地クワ・ンデベレ地区はアパルトヘイト時代黒人が押し込められていた黒人居住区であり、それがゆえに白人政権によってまともには水道がひかれていなかった。カネがなかったからではない。南アフリカは石油を除けばあらゆる鉱物資源に恵まれた豊かな国であり、現に美しい芝生と花々に囲まれた白人の高級住宅地はヨーロッパの郊外よりも美しい。そうした中、水をまともには引かないという政策は、アパルトヘイトという制度が「有色」人種を「準人間」としか位置づけていなかった、人間の尊厳などと言うものを認めていなかった、その事実を痛烈に感じさせる証左であった。なればこそ、マンデラ政権はさまざまな開発政策を打ち出す中で水を重視し、クワ・ンデベレ地区での給水整備を日本に依頼、その日はムベキ副大統領自ら橋本元総理を招いて水道の開通式典が現地の村で開かれたのである。式典において水道栓から水が出た瞬間、花火が上がり、伝統的な衣装で人々は踊り出し、喜びを爆発させた。

ところが、それからあまり時を経ないでクワ・ンデベレ地区での給水計画は当初計画の4割程度が実現したところで終了してしまったと報告されている[6]。水供給の権限と機能が中央政府から地方政府に移管されたこと、計画当初の同地区の年間人口増加率7・5％を踏えた人口推移見通しが過大だったこと、その結果の需給バランスなどの判断に起因するとされる。「水は命」なのだから、人々に届けば喜びが爆発する。また旧黒人居住区の住民たちの人間性を回復したいという新しい国家の最重要課題であれば、なおさらのこと世界中が応援したいと考えた。しかし、水のみならず国家というものはなによりもインスティテューション（国家の機構や制度）が機能して初めて人々に喜びを届けることができるというのもまた、厳しい事実である。それは人種差別という政治意思に基づく意図的なインスティテューションの欠損の場合でも、夢を追う中での立案・維持管理能力の未熟によるインスティテューション不全の場合でも、深く考えるべきことを示しているのではないだろうか。

日本の約３・２倍（１２２万平方キロ）の面積を持つ南アフリカ共和国は、アフリカ大陸最南端に位置し、気候は海岸線と内陸部の高原地方で異なり、また砂漠から湿潤気候と多岐にわたる。各地方の年間降雨量は次の通りである。[7] 西部海岸線はナミブ砂漠の南端であり海岸町のポート・ノロスでは35ミリ。南西部海岸線のケープタウンは地中海性気候で５０５ミリ、南部海岸線は地中海性気候と西岸海洋性気候の中間に属し、ポート・エリザベスで６２５ミリ、東海岸のダーバンは温帯湿潤気候で１０１０ミリである。国土のほとんどは高原地帯で、その西部に位置する北ケープ州のアピントン（標高８３５メートル）では１８５ミリ。北部のナミビアおよびボツワナとの国境地方はカラハリ砂漠の南部をなしている。高原中部のキンバリー（標高１２００メートル）は４３５ミリ、東部のヨハネスブルグ（標高１７００メートル）では７０５ミリ、そして国の東北端のクルーガー国立公園では５６５ミリである。

２　水と動物

サファリ観光の盛んな野生動物の宝庫、ケニアやタンザニアの国立公園で本当に多くの動物たちに会いたければ雨季ではなく、乾季に訪問することが薦められる。それは、私たちが見たいと期待するライオンやキリン、あるいは象やサイといった多くの野生動物たちは、ゴリラなどの霊長類と違って熱帯雨林ではなく草原のサバンナに棲んでいるからである。サバンナでは乾季になると水場が限られてしまい、動物たちは数少ない水場に水を求めてやって来ざるをえなくなるので、そこで静かに待っていれば動物たちに会えるという算段である。

ところが、そのような地元での小さな動きでは巨大な群を維持できない動物たちもいる。そのため水を求めて大移動を繰り返す。ウシ科の大型草食動物ヌーの集団がタンザニア北西部のセレンゲティ国立公園から北に隣接するケニア西部のマサイマラ国立公園の間を集団で季節移住を行っている。7月から8月、セレンゲティ方面の草がなくなると、サバンナを埋め尽くすほどの群れをつくって何百万頭ものヌーがマサイマラ国立公園を覆う新鮮な草を求めて移動を始め、ヴィクトリア湖に注ぐマラ川に到達するとリーダーが思い切って飛び込み対岸を目指す。[8] その群には数千頭のシマウマも合流しており、力を合わせて800キロにも及ぶ旅を続けるのである。河には恐ろしいナイル・ワニが待ち構え、また岸辺では絶好の狩のチャンスとばかりライオンもハイエナも待ち構えているし、なによりも渡河そのもので溺れてしまう仲間も多い。溺死数を平均で6250頭とする研究もある。[9] それでも、草を食べなければヌーもシマウマも生きていけないので、溺れようとも、襲われようとも移動を続け、ヨーロッパ人が勢力争いでひいた「国境線」を越えて歩き続けるのである。10月になると今度はセレンゲティの草を求めてまたマラ川に身を躍らせて戻り、さらに1～2月は子作りのため東南に隣接するタンザニアのンゴロンゴロ国立公園で過ごす。ヌーとシマウマの渡河と移動は人間にとっては大きな観光資源となっているが、動物にとっては過酷なサバイバルのための挑戦、水を求めて生きるための旅路なのである。ちなみにタンザニア（当時はタンガニーカ）は第1次世界大戦に勝ったイギリスが敗戦国ドイツから取り上げて自分のものにするまでドイツ領、ケニアはイギリス領であった。

ケニア南部のアンボセリ国立公園に行くとタンザニア国境の向こう側にそびえるキリマンジャロ山

の美しさに圧倒される。赤道直下というのに山の頂を万年雪が覆っているのを見て、19世紀末にこの地に攻め込んだドイツ人やイギリス人は驚愕し、１９３０年代にはヘミングウェイが名作『キリマンジャロの雪』で神の山キリマンジャロの山頂には豹の亡骸が横たわっていると書いた。キリマンジャロ山は標高５８９５メートルのアフリカ大陸の最高峰であり、かつては広く氷河におおわれていたが、気候温暖化の影響および降雨量の減少で縮小を続け20世紀初頭に比べて80%減少したと国連環境計画（ＵＮＥＰ）は報告している[10]。それでも、サバンナの水が枯れてしまう乾季にもキリマンジャロ山の水場には水が湧き、その水を求めて象の家族がサバンナからキリマンジャロ山を登る様子がテレビで放送されて観る者を驚かせた[11]。比喩で「象の記憶力」とはよく言うが、それにしてもこの登山は雨が降らない季節にどこに水が残っているかを代々にわたり親から子へと伝えてきたことを示唆しているのであろうし、そもそも生きるためとは言えあの高さの山を巨体で登りゆくことにも驚かされる。

　では、もしも広大な地方全体が干上がってしまったときには何が起こるのであろうか。サハラ砂漠は東西約５０００キロ、南北約１８００キロで、アフリカ大陸の4分の1以上を占める。サハラとはアラビア語で砂漠のことなので「サハラ＋砂漠」と呼ぶのは妙といえば妙だが、砂漠という単語を二度続けて言ってもなおその広大さを表現するには足りない。５０００キロといえば成田からバングラデシュの首都ダッカやシンガポールまでの距離におおむね匹敵し、１８００キロは成田から沖ノ鳥島や上海までの距離に匹敵する。面積はアメリカ合衆国より少し小さいくらい。砂や岩に覆われ、また３０００メートル級の山地もある。ヨーロッパから地中海上空を経てサハラ砂漠上空に入ると、機窓は薄茶色の空に包まれる。もう何十年も前に初めてその経験をしたときには心底驚き、水がない砂漠は本当に「不毛の地」なのだと思い込んだ。ところが、実はサハラ砂漠にはオアシスが点在し、トゥアレグ族などの遊牧民が生活している場である。また、高地には少ないとはいえ水場のポケットもあってかろうじて植生も見られ、ほそぼそと生き延びているアンティロープ（カモシカの一種）も観察される。例えばタッシリ・ナジェール山地のようにかつては緑なす大地で人々が動物の狩をし、後には牧畜的なことで暮らしていた様子がわかる遺跡もある。

タッシリ・ナジェール山地はアルジェリアの南部に広がる高度2000メートル前後の花崗岩と砂岩からなる山地である。7万2千平方キロにわたる国立公園で、ユネスコの世界遺産に登録されている[12]。今日、最寄りの町タマンラセットの年間平均降水量は46・7ミリにすぎないが、山中には1万年ないし8千年前から数千年にわたり住んでいたと見られるさまざまな人々によって描かれたと考えられている洞窟画が数多く残されている。バッファロー、象、サイ、カバなどの野生動物や、こうした動物の狩をする人々、さらには踊る人ないし何らかの祭事をしていると見られる人々、などが見られる。カバはほとんどの時間を水の中で過ごす動物であり、カヌーに乗ってカバを狩る様子も残されており、当時は水が豊かでサハラが緑なす大地であったことが示唆されている[13]。ちなみに川辺や湖畔に住むアフリカの人々は鰐よりもカバを恐れている。カバは長時間陸上に上がっていると体が乾いてしまって命にかかわるため、地上に上がっているカバに気がつかないで人間がカバと川や湖の間をうっかり横切るとカバが猛烈に突進してくる事故が多いからである。

タッシリ・ナジェール山地にはかつて水が豊かであった時代に流れていた川によって浸食された谷が多くあり、実は「タッシリ・ナジェール」とはトゥアレグ族の言葉で「峡谷の台地」を意味している。地球の少しかしいだ回転軸のため北緯（および南緯）30度前後に居座ることになった亜熱帯高気圧の影響で雨が激減していくうちに、動物は消え、洞窟画に描かれているネグロ系の人々は居住をあきらめていずこかへと去ったと考えられる。南のサヘル地方や東のナイル渓谷方面に行ったのだろうか。サヘル地方はサハラ砂漠の南縁を西の大西洋岸のセネガルから東の紅海沿岸のスーダンにかけて8千数百キロにわたって帯状に伸びており、かつて農業や交易で栄えた地方である。遅くとも8世紀にはセネガル川とニジェール川近辺を中心にガーナ王国が生まれ、その後大河ニジェール川流域は多くの王国が栄華を極めたことで知られる。[14] アフリカの中部から南部に居住しているバンツー系の民族はおそらく今日のカメルーンないしナイジェリアあたりから熱帯雨林地方に向けて民族の大移動を開始し、そしてさらにその向こうに広がる地に向けて展開していったと考えられているが、そのきっかけの一つとしてサハラの砂漠化による民族移動の連鎖的な押出しともいうべきことがもしかしてあったのではないだろうかとアフリカに住んだ者の直感として感じている。研究が待たれるところである。

他方、砂漠の対極にある北極では、水の3形態のうち氷と水の様子が変わったことから難しい課題が生じている。片や、氷が解けて北極航路が開けたとロシア、中国などは喜び、日本においても横浜とドイツのハンブルグの間の航路が大幅に短縮されるなどの報道が見られ始めている。また北極の戦略的重要性が増したため、中国がグリーンランド自治政府との関係を強化したことも危機感をもって報じられている。留意すべきは北極航路に仮に商業的メリットがあるとしても、その負の側面は安全保障上の問題に限られないという事実である。卑近な例で言えば、生態系維持が脆弱な北極海において船から捨てられる食事の食べ残しなどのゴミだけでも海洋環境にどのような悪影響を与えるのか想定しにくい。目に見える出来事で述べれば、紅海において中国船の往来が活発になって食べ残しが海に捨てられるようになってから、それまで南端のアデン周辺以北には入ることがあまりなかったサメが船を追って紅海北辺のスエズ近くまで入り込んでしまい、地元民がたいへんに困っている実例がある。

　またしばしば報じられるように、氷が解けることによる海面上昇が起きていてはるか南の太平洋島嶼国では海面下に沈み始めている島も出ている。北国のカナダでは、海水の温度上昇によって北極の海氷が細かく割れていき、大きな氷塊と思って乗っていた北極クマの子どもが溺れてしまう様子が報じられている。子熊たちを地球温暖化の犠牲者と見る多数意見がある一方で、カナダ北部のヌヴアトゥ準州に住むイヌイットの人々は集落に北極クマが出没するようになって人が襲われる事故が生じ始めていることに困惑している。[15] 数千年にわたり北極クマを含む動物の狩をして生きてきたイヌイットの人々は、環境保護の観点のみからの狩の禁止には反対し、さらにこの北極クマによる襲撃事故という現実があるのでなおさらのことルールが環境学者の意見のみでつくられることには反対している。北極クマは頭数が増えたから人の住む地域に来て襲うようになったのか、それとも元来棲んでいた地域の氷が解けて居場所がなくなったので人がいる地域に移って来ているのかなど、見方は分かれている。

　他方、より南に位置するマニトバ州のハドソン湾沿いの町チャーチル近辺の北極クマ[16]は冬期には湾上の海氷で、海氷が溶ける夏季には陸上での生活をするので、季節移動を繰り返し、そのたびに町を通過するので街中に来る白熊を観光資源としている。

3　枯れ枝のように

近年日本列島は津波をはじめとする大きな水の災害に次々と襲われ、さらにはこれまで経験したことがないような一つの台風による同時多発の洪水と土砂災害も発生した。復興と防災・減災努力が続けられるが、被災地を訪れると大変なご苦労が続いている実態に立ちすくんでしまう。

同じように水の災害が多くの貧困国を襲っている。干ばつと洪水という両極端の事象にわずか数か月の間に襲われたアフリカ諸国では飢え、すなわち餓死、という悲惨な人道危機が発生している。例えばジンバブエは2019年3月にサイクロン「イダイ」で甚大な被害を受けたが、年が明けないうちに干ばつに見舞われ、さらには経済の破綻が加わって都市部の住民220万人と農村地帯の550万人を深刻な状況に追いやっている。[17] インド洋南西部で発生したサイクロン「イダイ」は、2019年3月14日モザンビークに上陸し、モザンビーク、マラウィ、ジンバブエに甚大な被害をもたらした。数百万人が被災し、家屋、学校、病院などがことごとく破壊されて町が壊滅状態となった。サイクロンが去って事態が明らかになるにつれ、ユニセフは、「淀んだ水、不十分な衛生環境（トイレ）、死体の腐敗、過密した仮設住宅といった現状は、下痢症、マラリア、およびコレラ集団感染を容易に引き起こす可能性があり、特に感染しやすいのは子どもたちです。モザンビーク当局は、ベイラで最初のコレラの症例が確認されたと発表しました。」、「3か国で緊急に人道支援を必要としている人は推定300万人にのぼり、その半数以上は子どもです。[18]」と発表し、日本赤十字社は4月8日現在でコレラが３０００件以上発生したと発表した。[19] 先進工業国においてさえ大変に苦労をする災害後の取り組みについて開発途上国は自力で何ができるというのであろうか。直ちに保健所などが被災地の消毒活動をする体制が整っていない熱帯の貧困国が水の災害に襲われると、物理的破壊による犠牲者と物的被害のみならず感染症との戦いが深刻な課題を突き付け、そしていつものように犠牲になっていくのは災害弱者である子どもと女性である。妊産婦、親とはぐれてしまった子ども、親が亡くなってしまった子ども。災害後の人生の暗転を救うインスティテューション（本当に機能する国家の機構や組織）がないだけに事態はさらにさらに深刻となる。

それは干ばつにおいても同様であって、灌漑施設がない国々では干ばつとなればたちまちに畑作物が枯れ、食料は底をついてしまう。餓死が現実となるのである。近年だけでも２０１１年には東アフリカで大干ばつが起き、特にソマリアでは飢饉が発生して25万人以上が死亡し、２０１７年に再度ソマリアを襲った干ばつでは６２０万人が深刻な食料不足に陥った。枯れ枝のように細い腕と体になってしまった子どもを必死に抱きかかえる母親の悲痛を通り越した諦めのような眼差しが、静かに、しかし何よりも強く悲しみの深さを物語っている。

人と水は世界でどのようなかかわりを持っているのだろうか。

コラム１　江戸時代の技術を現代に伝える紀州流の難工事

三重県　立梅（たちばい）用水（世界かんがい施設遺産、登録記念物、疏水百選）

立梅用水は、一級河川櫛田川の三重県松阪市飯南町粥見（かゆみ）地内から、多気（たき）町丹生（にゅう）地内の水田へ水を運ぶために建設されたかんがい用水である。

この用水の計画は、1702年（元禄15年）の紀州和歌山藩大畑才蔵（おおはたさいぞう）による原案「川俣川絵図」（現地踏査の見取図）に始まる。大畑才蔵は、精緻な水準測量と和算により掛樋（かけひ、河川を跨ぐ水路）や伏越（ふせこし、河川の底を通過する水路）といった現代的な工法を取り入れた「紀州流」と呼ばれる疏水工事技術を開発し、立梅用水の他にも、一級河川紀の川からの水利事業である小田井用水、藤崎井用水など、多くの大規模かんがい工事に貢献した農業土木技術者として知られる。

その後、丹生村地士西村彦左衛門為秋翁（にしむらひこざえもんためあきおう）らが和歌山藩へ請願したことにより、1817年（文化14年）に乙部才助（おとべさいすけ）らにより測量が行われた。立梅用水の建設計画に深く携わった西村彦左衛門の功績を称え、生家横の公園に銅像を設置している。

建設工事は、1820年（文政3年）3月に着工、途中、岩盤を刳り抜くといった難工事を伴ったが、深野の大庄屋であった野呂市之進俊興の助力もあり、1823年（文政6年）に完成した。その完成には、延べ24万7000人もの人力を要したとされている。これにより、新田開発が行われ、地域の米の収量が増加し、貧農救済に大きく貢献した。また、1921年（大正10年）に、粥見地内にある現在の立梅井堰（たちばいいぜき）は、文政期の井堰より下流に造成された。

現在の立梅用水は、江戸時代後期の完成以来、改修を重ねながらも旧来の用水ルートが維持され、江戸時代の優れた水路技術を現代に伝えている。櫛田川に設置された立梅井堰から引き込まれた水は、約28キロに及ぶ用水路により広大な農地に水を供給するとともに、発電、防火用水など、さまざまな利用がなされており、生活に密着した用水路、そして文化財として親しまれ、農業・農村の礎を築き上げてきた。
現在、多気町丹生地内を中心に、祖先から大切に守り継がれてきた資源である「水や土」、それらを育んだ歴史や文化の価値を再認識し、さらに後世に受け継ぐため、「ふるさとの水と土を大切に」を合言葉に、地域住民と水土里ネット立梅用水が協働し、あじさいまつり、用水ボート下り、里山ウォーキングイベント、ダムカード（立梅井堰）など、この地域資源を保全し活用するさまざまな活動を通じ、「心豊かな里づくり」を進めている（２０２０・２０２１年はイベント中止）。２０２３年、立梅用水は開設から２００年を迎えることから記念の地域ブランド米をつくるなど、さまざまな活動を予定している。

（地域にまつわる言葉）
「用水路 水有り難き　秋実る　今も見つめる彦左衛門さん」「あじさいと　清き水路の　丹生の里」（多気町教育委員会・多気町郷土資料館（たきカルタ発行））
立梅用水にまつわるカルタの札が２編。立梅用水建設に貢献した西村彦左衛門為秋翁の功績と水路脇のあじさいを含めた美しさを称えている。多気町では、町内の小学生に、楽しく遊びながら町の歴史や文化を学んでもらうために、2015 年（平成 27 年）に「たきカルタ」を作成した。

（写真）　立梅用水沿いのあじさい
全国水土里ネット「疏水名鑑」（http://midori.inakajin.or.jp/sosui_old/mie/a/107/index.html）

第2章　天地人――水の惑星

1　「地球は青かった」

(1)　真水はいずこに

１９６１年4月12日、ソ連のユーリ・ガガーリン空軍少佐は人類初の大気圏外飛行に成功した。１時間50分弱で地球を一周し、宇宙から「地球は青い」と管制本部に報告、これが「地球は青かった」の名言として後世に残った。人々は宇宙飛行の快挙のみならず地球が青いということに驚いた。

今や子どもたちも国際宇宙ステーションから撮った地球のカラー写真や動画をテレビなどで見慣れているであろうし、２００７年には日本が打ち上げた月周回衛星「かぐや」が高感度カメラで撮影した月の地平線の向こうの美しい青い地球の写真[1]は大ヒットとなったので、地球が青いということは

「常識」になっているであろう。地球が青いのは申すまでもなく、地球の表面の約71%が海だからである。地球全体の表面積約5億1000万平方キロのうち海が約3億6000万平方キロである。地球上には約14億立方キロの水があるので[2]、水の惑星と言われるだけあって豊かな水資源に恵まれていると言いたいが、地球上に存在する水の97・4%は海水が占めている。逆に言えば淡水は2・53%にすぎず、しかもその多くは南極大陸、北極の氷河、山頂の氷河あるいは地下の帯水層にあり、河川、湖沼、地表に近い地下水など人間が容易に使える水はわずか0・01%にすぎない[3]。

地球はやや扁平ながら便宜上おおむね直径1万2750キロの球だとして、比較のために地球上の全水量を球にしてみるとその直径はわずか1385キロしかない。さらに淡水は直径272・8キロの球、そのうち人間が使いやすい水は直径わずか56・2キロの球でしかない[4]。東京から鎌倉まで（60キロたらず）もない直径の球が使える淡水のすべてというわけである。もう少し身近なイメージで述べれば、運動会での大玉転がしの玉が地球全体の水の量だとすれば、人が容易に使える水はピンポン玉の量すらない。これほどまでに少量の水しかない中で、海、空、陸、の間を水が循環してくれるおかげで地球は水の惑星であり続け、そして水を人間が利用できるのだが、適度の雨が空から陸に降ってくると安心してしまい水の希少性をつい忘れがちになる。そして例えば日本列島のように急峻な山地が国土の3分の2を占める土地での、広葉樹林のダム機能の重要性についても忘れてしまう。

水の最大の特色は「絶えずある」ことではなく、偏在する資源だということにある。時間的に偏在するので、あるときには洪水をもたらし、別のときには干ばつを惹き起こす。また地理的に偏在するので、ある地方は砂漠で、別の地方は熱帯雨林となる。アフリカ大陸では片や広大なサハラ砂漠、片や赤道直下のコンゴ川流域に広がる熱帯雨林。林冠は30メートル、場所によってはそこから高さ50〜60メートルにも及ぶモアビ[5]（アカテツ科の一種）の木が所々で頭を出す光景に圧倒される。

(2) テティス海のほとりで

海と陸の境を見ると、中南米、アフリカ、アラビア、東南アジア、オセアニアなどの熱帯から亜熱帯の海岸線ではヒルギ科などの木々がマングローブ[6]の森を作って太い緑で縁取っている。「いまから2300年も前、紀元前4世紀のマングローブの記録があります。アレキサンダー大王のインド遠征に同行した学者が、書き残したものです。古代ギリシアの学者も、生まれてはじめて海でそだつ木を見てびっくりしたようです。」後述する向後元彦氏は著書『海の森・マングローブをまもる』でこのように述べ、「海の森は『生命のゆりかご』」だとマングローブの重要性を指摘している。[7]ところが、今や多くの地域では、海岸線を縁取っていた、と過去形でいうべき状況となっている。現地の人口増加による薪の需要の高まりで過剰伐採されたり、水田に変えられたりしたほか、私たちが使ってきたコピー用紙の良質な原料として切られたり、東南アジアでは日本への輸出用のエビの養殖場に変えられて皆伐されたところもある。ベトナムでは米軍による枯葉剤の散布がなされたことについて第3章で改めて述べるが、ユネスコの「マングローブ地域計画」主席技術官などを歴任したマルタ・ヴァヌチ博士は、「戦争前には二十九万ヘクタールのマングローブ林と一九万ヘクタールのカユプテ（Melaleuca leucadendron）[8]の森林があったとされるが、枯葉剤は、マングローブ林で七万四九一八ヘクタール、カユプテ林で二万三七〇四ヘクタールに散布された」[9]と指摘している。

こうして世界のマングローブは20世紀が終わる頃には毎年1％の速度で減少し続けていた。生活や商売のために伐採されてしまった沿岸地域では、新たにつくられた水田を含めて農業がすたれてしまった。空気にさらされるとマングローブ林の土壌は強酸性となるので畑地が用をなさなくなるからであり、後背地にも害が及んだ。向後氏は、マングローブは「どこにでも見られた『ふつうの森』だったので、その大切さに気がつかなかった[10]」と指摘している。ヴァヌチ博士は、マングローブの破壊は、「いつも決まった結果を招いてきた。多様な生き物たちが歌う、この豊かな熱帯の森の劣化と沙漠化という結果である[11]」と述べた。

マングローブは沖縄県や鹿児島県南部で見られ、テレビ番組でもヤエヤマヒルギの森などが放映されるのでお茶の間でも目にする機会が増えている。マングローブ林にはさまざまな動植物が生息し、絶滅危惧種の大切な生き残り場所でもある。インドからバングラデシュにまたがるスンダルバンにはベンガルトラが潜み、西表島では推定生息数約１００頭[12]のイリオモテヤマネコが「マングローブ林内の川を泳いで渡っているのが確認されている。[13]」マングローブでは繁茂する木々が落とす葉などが滋養豊かな水をつくるのでプランクトンが生まれ、それを小魚が食べ、それを追って大きな魚も来て、彼らは鳥に狙われるという食物連鎖の舞台となる。そうした中で漁をして生計を立てている人も多く、途上国では漁村もなりたっている。なによりも吸い上げた塩とともに葉を落とすので自然の海水フィルターの役割を果たして後背地を海の水から守るので、マングローブの森が茂る海岸線の後背地では豊かな農地が広がっていた。また、２００４年12月26日のスマトラ沖地震によって起きたインド洋沿岸の津波では、マングローブがあった海岸線ではなかったところより被害が軽減されたことも知られている。

他方、この問題が顕在化して世間の耳目を引き始めるより前に、灼熱のクウェイトで少ない緑を大切にする人を見て砂漠（沙漠）を緑にしようと考えた人がいた。その人、向後元彦氏は著書にこう書いている。

「アラビアで緑化が困難なのは、ひとえに水の問題である。（中略）あるひらめきが頭をよぎった。アラビアもまわりは無限の水に囲まれているではないか。そうか、そうなのだ！　海水で森をつくればいいんだ。必然的に結論がひきだされてくる。マングローブ林―『海』で育つ森林である。」[14]

向後氏はクウェイトに移り住んで苦労惨憺して研究と実験を重ね、何年もかけてついにマングローブの幼木が冬にも枯れずに育っていく方法を見出した。生態的に適合した植林方法のみならず、植えたばかりの幼木が放牧されているラクダに食べられてしまわないようベドウィンの長老と話すなどの民俗学的な要素も重要だと気がついての成功であった。言及すべきは日本がエネルギー資源を依存しているクウェイト、サウディアラビア、アラブ首長国連盟で活動していたアラビア石油とアブダビ石油（当時）という日本の石油会社2社が現地への貢献という気持ちをもってスポンサーとしてこの研究を支えたことである。向後氏たちは、さらにベトナム、エクアドル、ミャンマーでも植林を続けている。

向後氏とその仲間たちが開発したマングローブの植林技術は、自然に、あるいは人間の手によって消えてしまったマングローブの再生にも生かされていき、世界各地で青年海外協力隊や専門家が活躍することとなった。今日各地でマングローブの森が日本の協力で生まれ、セネガルの南部地方では沿岸漁業指導との合わせ技で漁村もできた。また大手保険会社の東京海上日動は向後氏の活動に賛同して「インドネシア、タイ、フィリピン、マレーシア、ミャンマー、ベトナム、インド、バングラデシュ、フィジー（順不同）[15]」で植林活動を行っている。その活動を紹介する広告[16]をテレビや新聞でご覧になった読者も多いのではないだろうか。ESG（環境、社会、ガバナンス）経営とかESG投資とかいわれるよりずっと前からこのように地元のコミュニティ再生や再活性化に大きく寄与する活動に地道に取り組んでいる日本企業の存在はまことに心強い。

マングローブの果たしている役割について、ヴァヌチ博士は次のように書いている。

「①被覆植生となること（ほかに代替種がない）、②たとえ少なくてもデトリタスや栄養分を供給すること、③土壌を侵食からまもること、④若木がそだつシェルターを提供すること、そして、なによりも重要なことは、⑤さまざまな生き物の生息場所をつくりだしていること。向後元彦がペルシャ（アラビア）湾でおこなった植栽試験では、ヒルギダマシがそだち適当な茂みが形成されたとき、不毛だった土地にカニ、魚、鳥などが棲みつくようになった。[17]」

さらに同博士は、マラリアを媒介するハマダラカの幼虫は太陽光線を必要とするので、樹幹が閉じているマングローブ林には一部例外を除いてマラリアがない、ところが択伐されて樹冠が開かれると幼虫がある程度の耐塩性を持っていることと相まってマラリアが発生すると指摘している。[18]

マングローブの保全の重要性については、国連開発計画（UNDP）やユネスコも認識して活動していたが、そうした流れの中で1990年8月、常陸宮殿下、同妃殿下ご臨席のもと、特定非営利活動法人「国際マングローブ生態系協会」（ISME[19]）の設立総会が開催された。マングローブの保護、持続可能な利用、生態系の研究とデータバンク化、マングローブの重要性について人々の認識を高めること、などを目的とし、ユネスコの知見も活用しつつ、19か国のマングローブ関係者の熱意、外務省、沖縄県、琉球大学の積極的誘致によるもので、ＩＳＭＥ事務局は琉球大学農学部内に所在している。

ＩＳＭＥは１９９０年の「大阪国際花と緑の博覧会」に参加し、発足後30年の間に、データベースの作成、学術的出版物のみならず子供たちにわかりやすい本の出版、途上国の人材育成としてマングローブ沿岸生態系の管理や環境教育の研修活動、マレーシア、インドネシア、キリバス、モルディブ、ブラジルなどで地元民とともにマングローブの植林と住民の環境教育などを行ってきている。

マングローブはまだアフリカがアジアなどとつながる巨大な大陸の一部だった太古のテティス海の浅瀬にも存在していた。エジプトの首都カイロの南南西１５０キロにある世界遺産の「クジラ谷」（ワディ・アル・ヒタン）には当時生きていた原始的なクジラの親子などの化石が横たわり、現地に立つとお母さんクジラは浅瀬に打ち上げられてしまった子どもを守ろうとしたのだろうか、などと砂漠に照りつける太陽のもとで４０００万年前にタイムスリップしそうな幻覚すら覚えるリアリティーがあった。２０１０年、現地調査に見えた向後夫妻にいろいろと教わりながらワディの中を歩くうちに、上を見るように促されて見上げると、クジラたちを見下ろす隆起した崖にマングローブの化石からなる地層が延々と続いていた。いよいよテティス海から打ち寄せる波の音が聞こえてきそうであった。

エジプトでは環境省のムスタアファ・フーダ博士が向後氏の活動に強い関心をもってマングローブの植林に取り組み、エジプト南部紅海に面したマルサ・アラムでエジプト環境省、農業省、ＩＴＴＯ（国際熱帯木材機関）のマングローブ植林プロジェクトを進めていた。[20] 現シシ政権は、環境問題への取り組みのみならず、地元の漁業や養蜂業の育成、さらにエコツーリズム振興を視野に入れてマルサ・アラムに加えて紅海岸の有名なマリンリゾートであるサファガ、ハマタ、シャラティン、さらにシナイ半島南部にあるエジプト随一のリゾート地であるシャルム・エル・シェイクに近いナクブ自然保護区でのマングローブ植林計画を発表した。[21] かつてシナイ半島南端のラース・モハメッド国立公園を訪れたときに見た自生しているマングローブは、厳しい環境下のため背は低く規模は小さいものだったが、灼熱の太陽の下で白い砂と青い海の間にある緑の小さな帯はまことに印象深いものであった。

2 水と神

(1) 鎮守の森

森林を守る日本古来の知恵は鎮守の森であった。神社の鬱蒼とした森に手をつけるものはおらず、古い神社の場合はそれが山全体に及ぶものもあり、それはまた貴重な水源を守ることにもつながっていた。

明治神宮のように都会に人間の手で大きな森が鎮守の森としてつくられ、100年後にメガシティの中での憩いの場となっている例もある。「永遠の森」を目指して大正4年から造営工事が始まり、全部で10万本の木が奉献され、現在では234種の木が森をつくっている。[22] 植林前は荒涼としていた土地に、学者たちが自然に再生していく森という観点から、椎や樫などの照葉樹を植えることを主張した先見の明によるものである。

都会にある神社の森で古い歴史があるのは京都下賀茂神社の糺の森である。糺の森は3万6千坪あり、「紀元前3世紀ごろの原生林と同じ植生が今に伝えられ、（中略）ケヤキ、エノキ、ムクノキなどの広葉樹を中心に、樹齢6百年から2百年の樹木が約6百本[23]」あり、中には小川も流れ、源氏物語にも登場する。また下賀茂神社には御手洗川が流れ、みたらし池では「土用になると池の周辺や川の底から清水が湧き出るところから鴨の七不思議にかぞえられ、湧きあがる水泡の姿を団子にかたどり、みたらし団子の発祥とした。また、土用の丑の日にこの池の清水に足をつけると疫病や脚気にかからない（中略）、無病息災を祈ってお祓いを受ける足つけ神事（御手洗祭[24]）」が行われる。

水はお浄めのため。日本の寺社には手水舎があり、参拝者はまず身を浄めてからお参りをするが、世界を見ると水で心身を浄める信仰や水場が神殿につながる例は海外にも多い。

昨今相続税を払えない人や林業で立ちいかなくなった人の山林を外国資本が購入し、水源地をどう守るのかとの難題が起きているが、解決のための抜本的方策がとられているようには見受けられない。国土の3分の2が山地・森林の日本にとって最優先事項のひとつではないだろうか。

(2) シーワ・オアシス

サハラ砂漠の東端、エジプトのリビア国境近くにシーワ・オアシスがある。カイロの西南西560キロに位置し、延々と続く砂漠の中にこつ然と現れる。地下水の流れと土地の標高の妙によってオアシスは成立するが、シーワ・オアシスは海抜以下の標高で、約200の泉があり、奥行約10キロ、幅6ないし8キロからなる[25]緑の島である。古来デーツとオリーブの生産が盛んで域外との交易で経済を支えてきた。中央の高台には古代エジプトの神アモン神の神殿の遺跡があり、古来エジプト王はこの神殿でアモン神の神託を受けて正統性を授かったとされている。ただし、第26王朝以前についてはエジプト王朝とシーワ・オアシスの統治関係については考古学的には必ずしも明確でない。

シーワ・オアシスはアレキサンドリアの西、第2次世界大戦中にあのロンメル将軍が奮戦した地中海沿岸の古戦場エル・アラメインから南西に車で半日かけてたどり着く。今日シーワ・オアシスがよく知られているのは、第2次世界大戦中イタリアが抑えていたリビアとイギリスが抑えていたエジプトの狭間にあって戦略的に重要な位置にあったこと、現にロンメル将軍も訪れたことがあったためでもある。しかし、実はそれよりはるか昔の別の戦さによってこそ、シーワという響きが人々の心を掻き立てる。

攻め込んできたのはアレキサンダー大王。エジプトは第30王朝が紀元前343年ペルシャに滅ぼされたばかりだったが、11年後の紀元前332年、アレキサンダー大王は現在のトルコ、シリア経由でエジプトに攻め込んだ。ペルシャの権力が必ずしもまだ確立していなかったエジプトでは容易に勝利をおさめ、アモン神の御神託を得るべく砂漠の中をシーワ・オアシスに向かった。砂漠で迷いかけたりしながらもオアシスにたどり着いた大王は、さっそく神殿にお参りし、めでたくアモン神から御神託を受けた。これによりエジプトの人々はアレキサンダー大王をエジプトのファラオと認め、またアレキサンダー大王はアモン神から世界制覇に赴くようにとの御神託を授けられたと言い伝えられている。

車で何時間車走っても地平線まで何もない砂漠の中にこつ然と現れる緑の孤島シーワ・オアシスは、

え も言われぬ神秘を今日でも漂わせている。陽が落ちれば満天の星のもと闇の中に灯火が浮かび上がり、アモン神の御神託を聴いたとする古代の人々の思いもあながち迷信ではないような気すらしてくる。

(3) ヨルダン川

ゴラン高原から死海までの4百キロ余りを下るヨルダン川は大変な所である。出口の死海が不思議な所という意味ではない。イスラエルがヨルダン川西岸を占拠し、地元の人々が住んでいる土地に軍事力を背景に自分たちの居住地を建設し、地元民が村々を自由に動けないようにコンクリートの塀を迷路のようにつくり、勝者の正義とは何をやっても良いということなのだろうかとの強い疑念を多くの人の心に起こしている。国際ニュースでその名を聞かない日はないといっても過言ではないこの川だが、今は驚くほどのちょろちょろとした川にしか見えない。実はヨルダン川は、かつては滔々たる流れだったのだが、1964年にイスラエルがガリレア湖（ティベリアス湖）を水源として大規模用水路を引き国内に用水ネットワークを建設したことを主な原因として下流への流量が大幅に減ってしまっている。

古代エジプト王国からイスラエルの民を率いて出たのち40年間シナイ半島をさまよったモーゼは、死を前にしてようやく現ヨルダンのネボ山にたどり着き、ヨルダン渓谷の向こうにそびえるエルサレムを指し示してあれが「約束の地」カナンだと教えて息絶えた。そして何千年もたった後、ドイツ人のみならず、フランス人もポーランド人もその他のヨーロッパ人もヒトラーに加担してユダヤ人を虐殺した（本書119頁参照）。その償いとして、ルーズベルト大統領とチャーチル首相が構想してつくられた国連という新しい国際正義の名のもとに、現地に住んでいた75万人の農民たちを追い払ってロシアやポーランドにいたユダヤ人たちを中心としてイスラエルという新しい移民の国がつくられた。ちなみに戦時中スイスがドイツとの国境に押し寄せるユダヤ人たちを追い返したことはよく知られているが、実はアメリカもカナダもハンブルグからチャーター船で逃げてきて亡命のための入港を求めたユダヤ人たちを追い返し、結局彼らは仕方なくハンブルグに戻ってガス室で息絶えた。[26] 荒涼とした眼下に一筋の緑となって見えるヨルダン川の向こうの丘にはそのイスラエルが見える。夕方になればエルサレムの灯りが見え、本来なら美しいであろうこの景色の陰におどろおどろしい国際政治の陰が凝縮しているとの思いがネボ山を訪れるとするのであった。

　私たち極東に住む者にとって、ヨルダン川への関心はほとんどの場合右に述べた現代国際政治への関心にとどまるが、実はキリスト教徒にとってはヨルダン川はもっと重い川であり、多くの巡礼が訪れる地となっている。新約聖書のマタイ伝3章は次のように書いている。少々長めの引用だが、イスラエル問題、歴史における十字軍の位置づけなどについて私たちとはおそらくかなり違う感じ方をしている人々の思いの根源として記してみる。

「洗礼者ヨハネ、教えを述べる

　そのころ、洗礼者ヨハネが現れて、ユダヤの荒れ野で宣べ伝え、『悔い改めよ。天の国は近づいた』と言った。（中略）エルサレムとユダヤ全土から、また、ヨルダン川沿いの地方一帯から、人々がヨハネのもとに来て、罪を告白し、ヨルダン川で彼から洗礼を受けた。（中略）

イエス、洗礼を受ける

そのとき、イエスが、ガリラヤからヨルダン川のヨハネのところに来られた。彼から洗礼を受けるためである。（中略）イエスは洗礼を受けると、すぐ水の中から上がられた。そのとき、天がイエスに向かって開いた。（中略）『これはわたしの愛する子、私の心に適う者」という声が、天から聞こえた。[27]』」

洗礼者ヨハネによる洗礼はヨーロッパ絵画にしばしば描かれ、またサロメの要求で首をはねられたヨハネの生首のぎょっとさせられる絵もヨーロッパ絵画によく登場するテーマである。また、ヨーロッパでは生まれた子どもの洗礼は水で行われ、教会に入ったところには聖水が置かれている。モーパッサンは名作〝Le donneur d'eau bénite〟（聖水授与者）で心を打つ親子再会の奇跡を描き、また今日でも敬虔な信者は聖水に指をつけてから十字を切って教会に入り、水と宗教の強いつながりを感じさせられる。

(4) ガンジス川

浄めのために宗教の信者が水につかる光景は、インドのガンジス川でも見られる。ヒンドゥー教徒は世界で9億人以上の信者がいるとされ、[28]主にインド（人口の約8割）およびネパール（人口の約半数）に住んでいる。ガンジス川はヒマラヤ山脈の南から流れ出てインドの北部を潤しベンガル湾に注ぎ、全長2525キロの流域は数千年にわたり多くの王朝の盛衰の舞台となった。ヒンドゥー教徒にとりその水は聖なる水であり、浄めるための沐浴場が川沿いに設けられ、中でも中流域にある人口120万人の都市バラナシはその中心的な聖地とされる。多くの巡礼がバラナシを訪れ、沐浴をし、あるいはバラナシで輪廻を切れると信じて家族の遺体を火葬して川に流す。

そうした人々の風習や行動を見てインドを知ろうとする観光客も多く訪れ、中にはガンジス川に入る人もいる。ガンジス川につかることは健康上のリスクが大きいと観光客に注意喚起されて久しいが、最近では地元紙『ヒンドゥスタン・タイムズ』もガンジス川の沐浴は危険だと警鐘を鳴らしたと邦字紙が報じた[29]。報道によれば、「バラナシの調査地点では、100ミリリットル当たり500個と言う基準値に対し9～20倍の大腸菌が検出された」とのことで、下水処理能力をはるかに上回る数の人間によって「排泄物、工場廃液、川岸で焼かれた遺体や遺灰も流されている」からである。

なにしろインドは世界第2位の人口を擁する国であるとともに、人口抑制政策を実施しにくい国である。ネルー「王朝」の3代目でインディラ・ガンディー元首相（任期1966～77、1980～84年）の次男サンジャイ・ガンディーは、1970年代母親の政権時代に大きな影響力を持ち、そうした中で人口抑制のために強制的な家族計画導入を図ったが激しい批判にさらされて失敗した。ネルー首相以来インドで絶大な影響力を誇って来たネルー「王朝」ですら、人口抑制策を導入できなかったのである。国連によれば[30]、2019年の人口は中華人民共和国が14億3000万人、インドが13億7000万人であり、それぞれ世界人口の19%と18%を占めている。さらに2019年から2050年までに、インドは2億7300万人人口が増加すると予測している。国連の予測によれば、同期間に世界で見込まれる人口増加は20億人で、その半分はインドを筆頭とする次のわずか9か国で起こるとされる。インド、ナイジェリア、パキスタン、コンゴ民主共和国、エチオピア、タンザニア、インドネシア、エジプト、アメリカ。

それでもなお、人々はガンジス川を目指し、沐浴を続ける。先述した報道[31]によれば、沐浴にきていた人は、「『心が清められる。濁っていても、これは聖水だ』と恍惚の表情。水質汚染を伝えるニュースを『ガンジス川のことを全く理解していない』と、一蹴した」。

現実的な解決策は流域の下水処理能力や工場排水処理の厳格な義務付けと実行しかないが、下水処理就中衛生施設（トイレ）の設置は経済成長が著しいインドにおいても遅れている（第5章参照）。

3　水と王

(1)　蜀の都の堰──都江堰

人口が増え続け、そして農工業などの経済活動の規模が急速に伸びていくと、水と人間のバランスが崩れる。近年、経済成長著しい中華人民共和国が直面している課題のひとつは、黄河が渤海湾に届く前に消えてしまうこと（断流）である。1997年にはそれが277日も続いた。草原を切り開いて大規模灌漑農業を展開したことと気候変動の合わせ技での砂漠化、人口増加と急速な都市化、工業用水の需要増大、などについての各般の研究があるが、要するに経済が急成長すればどうしてもひずみは起きてしまうということではないか。

母なる大地は膨張する人間の活動をどれくらいまでなら抱擁できるのだろうか。そのようなことを考える時に、黄河では断流よりも深刻な問題が起きていることに気づかされる。生活用水、工業用水が処理されないまま黄河に流れ込んできたのである。

長江についても排水処理の問題は深刻である。数百万人の強制移住にかかる人権問題が指摘されてきた三峡ダム[32]について、別の観点から一部識者は声を潜めて、いずれ「世界最大のドブ」になりかねないと懸念している。上流の工業都市などでの排水処理が間に合うかどうかが問題だからである。日本の戦後復興の負の経験を想起させる事態だが、日本の11倍の人口を抱える広大な大陸の国中国では、対応を誤ればその問題の規模はくらべものにならないほど大きく、傷は深くなりうる。

他方、中国では考えることも大きいというべきか、黄河のみならず、北京、天津などが水不足ならば、長江や漢江から水を引けばよいではないかと考えて、壮大な「南水北調」プロジェクトを立ち上げ、すでにその一部が完成して北京市民らが潤っているとされる。それは渇水に苦しむ中国北部を救うことになるのだろうか。それとも長江など水の豊かな南部が共倒れすることになるのだろうか。

水を自然から頂戴して人間が活用する。そのための先達の知恵と実績を見れば、紀元前3世紀、黄河上流では韓の土木技術者鄭国が大規模な堰を秦につくり、それが秦の国力の礎となる農業を栄えさせたことが知られている。また、その少し前につくられて2千数百年にわたって今なお民を潤している堰と灌漑設備が長江の上流、四川省成都近郊を流れる岷江にある。

司馬遼太郎は、『中国・蜀と雲南のみち』で次のように記している[33]。

「蜀をはじめて中国の版図に入れたのが、戦国時代、秦の恵文王（?~紀元前三一一）であった（中略）。恵文王から二代目の昭襄王（紀元前三〇七~同二五一在位）にいたって、都江堰が出現する。『史記』「河渠書」では、蜀の太守（地方長官）李冰が、乱流する川岸を削って離堆を切りひろげ、沫水（岷水のあやまりか？）の危険をふせぎ、別に二江（内江と外江）を成都の中にくり抜いた。

とある。」

紀元前316年に恵文王が成都盆地の穀倉地帯を手に入れたことが秦の国力増強の礎となったが、その後、紀元前256年頃李冰は蛇篭などを活用して人工の中洲をつくって岷江の流れを本流と取水部に分けた。この都江堰は季節により不安定だった水量供給や洪水を克服し、成都盆地の農業はいっそう盛んとなった。

こうして三国時代の蜀の劉備の時代にも、そのあと盛衰を繰り返した隋、唐、五代、元、明、清、中華民国、中華人民共和国の長い時代を生き延びて、成都を中心とする四川省は繁栄したのである。四川省は今日でも重要な穀倉地帯である。多くの開発途上国を訪れると農業こそが国の礎だということをひしひしと実感することが多いが2千年以上続く灌漑農業は先進国でも見たことはない。都江堰について特筆すべきことは、2千数百年前の土木技術の素晴らしさもさることながら、堰の維持管理が営々と続けられて、いく多の戦争も、四川大地震も生き抜き、2千数百年にわたって機能し続けてきたということである。なればこそ、岷江の水は絶えず流れ続け、田畑を潤し続けたのである。

現に、ユネスコも都江堰を世界遺産に登録した理由の中で、都江堰灌漑システムは水管理と技術の大きなランドマークであるとともに今なおその機能を完璧に果たしていること、古代中国で達成された科学技術の大きな発展が都江堰灌漑システムでいきいきと発揮されていることを指摘している。[34]

（2）アンデスに栄えた灌漑帝国

数千年前から優れた灌漑技術を持っていた民族は南米でも豊かな文化を築いていた。１４９２年という非欧米民族にとっては魔の年、それはコロンブスが香料を探してカリブ海に到達した年であり、またイベリア半島南端のグラナダ王国が陥落した年でもあったが、その時期を境にして世界の多くの文明がキリスト教徒のヨーロッパ人によって滅ぼされていき、中でも「新大陸」の文明は虐殺とあいまって感染症を持ち込まれたことから壊滅した。今日のペルーを中心に帝国を築いていたインカ帝国も、最後のアタワルパ皇帝がカハマルカにおいてスペイン人ピサロに殺害され１５３３年に滅んでしまった。

インカ帝国の遺跡として世界的に人気が高いペルーの観光地、世界遺産のマチュピチュは日本から移民として渡った先人によって観光地として基礎が築かれた。ＪＩＣＡの「海外移住資料館」によれば[35]、１９１７年（大正6年）福島県からからペルーに移住した野内与吉氏は苦労の末１９３０年代マチュピチュの集落に定住し、密林を開拓して道路を整備し、畑をつくり、さらに川から水を引いて集落まで水路をつくり、その後ダムを造り水力発電によって村に電気を通した。１９３５年、40歳のときにホテル・ノウチを自ら建築して開業し、１９３９年にマチュピチュ集落の行政官に任命された。ペルーに住んでいた日系人は第2次世界大戦開戦で拘束されてアメリカ送りとなり強制収容所での過酷な生活を余儀なくされたが、野内氏は地元住民に守られ、戦後の１９４８年（昭和23年）村長に任命された。

ただ、長い歴史の中でマチュピチュに水を引いたのは野内氏が初めてではない。

インカ帝国滅亡（1533年）からほどない1541年から書き始められたシエサ・デ・レオン著のインカ帝国の地誌や歴史は、建築のすばらしさとともに灌漑用水による農作の豊かさに触れている。雨が降らないのに海岸平野が豊かであることに驚き、インディオたちが「畑の灌漑を整然と行い、」「秩序ある耕作を行っている」として多くの作物が実っている様子を記録しているが、その一部を引用すれば次のとおりである。[36]

「……そこでは雨が降らない。しかし山地から流れ下り、南の海（太平洋）に流れ込む川の水を、灌漑によって利用するのである。これらの川の流域に、インディオたちはトウモロコシを播いて、年に二度収穫する。生産量は豊かである。」

「用水路を間隔を置いて作り、しかも驚くような場所にそれを引いている。すなわち高い場所、低い場所、山の側面や川の流域にある山の中腹と引かれ、それ自身多くが交差している。そのような流域を歩くことは喜びである。なぜなら、それはみずみずしさがあふれる庭園や花畑の間を歩くかのようだったからである。

インディオたちは、水を引いて用水路に流し込むことに熱心であったし、それは現在でも変わらない。何度か私は灌漑水路のそばに滞在したことがあったが、まだテントを張り終わらないうちに、水路に水がなくなり、ほかの方向に流れていた。川は涸れることがないのだから、水を好きな方向に流すことは、それらのインディオたちの手中に握られている。」

また、インカ帝国内ではマチュピチュやウィニャイ・ワイナなどの町でも給水が整備されていた。[37]主な泉が町の中央に作られ、そこから歩道、通路や階段に沿って水路がひかれて町中に水が行きわたっていた。

しかし、実は用水路の技術はそのインカ帝国が発明したものでもなかった。さらに昔の人たちがいたのである。

今日ペルーの首都リマを訪れると、一面の砂漠に驚かされる。海岸地帯は砂漠、内陸の山は緑という国土で人々はどのように暮らしてきたのであろうか。スペイン人に滅ぼされる前のアンデスの人々について次第に明らかになってきたことは[38]、1万4千年以上前から人々がペルーの中央海岸にいたこと、紀元前8000年以降内陸では唐辛子、葉鶏頭などの栽培が始まり、さらに紀元前3000年以前にトウモロコシが栽培されるようになって農耕が広まっていったらしいことなどである。

紀元前1500年から300年（ただしこれらの年代には諸説あり）にかけて栄えたチャビン文明はインカ帝国以前の最古の文明とみなされている。その中心チャビン・デ・ワンタルの高度3200メートルにつくられた石造りの神殿の内部には「無数の回廊や排気溝、排水溝[39]」がある。神殿はユネスコの世界遺産[40]に登録されており、トンネルは不思議な光と音響効果を醸し出し、宗教の儀式の場であったと考えられている。その精緻な建築は当時の高い建築技術を物語っている。

また紀元前1500年頃カハマルカ近郊の標高3500メートルの高地につくられたクンベマーヨ遺跡[41]は、全長9キロ近いトンネルや水路が岩山に掘られており、山から水を流してカハマルカ渓谷の畑地を潤していた。カハマルカにはインカ最後の皇帝アタワルパが捕らえられた「サウナ」が現存し、その石造りの部屋には皇帝が腕を伸ばした高さにつけた線も残されている。その線まで金を積めば解放するとの合意を皇帝は守り、ピサロは破った現場である。そしてその部屋の外の廊下にはスペイン兵がインカの人々を槍で串刺しにしている絵が誇らしげに描かれていて、その絵を見たときの強い衝撃を忘れることはできない。カハマルカ市内のサンタ・アポロニアの丘に登るとそこにはインカ皇帝の椅子とされる石が置かれており、眼下にはスペイン風の建物が広がるカハマルカの街並みと周囲を囲む緑の山が見え、複雑な思いが心をよぎる。

チャビンの後いくつかの文化が盛衰したが、６５０年頃から８００年頃まで栄えていたと推測されるワリという国ではトウモロコシ栽培のために斜面に灌漑設備と段々畑をつくっていた[42]ことが知られている。

そのワリが崩壊した後、強大なチムー帝国が南北１２００キロに及ぶペルーの海岸線に生まれた。チムー帝国は既存の灌漑設備を修理拡張し、さらに川からの水道橋や水路によって砂漠を耕地に変え、遺跡が残る首都のチャンチャンは17平方キロにおよぶ裕福な町であった。チャンチャンの人口は後背地の灌漑農業で賄われていたが、その灌漑設備はチムー以前から存在していたものであった。

こうしてチムー帝国の勢力と版図が拡張するうちに、ついに内陸の高地で勢いを増しながら版図を拡張していたインカ帝国とぶつかることになった。しかし、水は高い所から低い所に流れる。両帝国の戦いでは高地の水源を抑えたインカ帝国がチムー帝国を打ち負かし、そしてその水の技術をインカが吸収してさらに発展させたのではないかと考えられている。

（3）シバの女王のダム

アフリカのエチオピアといえば、東京オリンピックのマラソンの金メダリストアベベ選手がよく知られる。また少し年配の読者は大の親日家だったハイレセラシエ皇帝を記憶しているのではないだろうか。冷戦時代にソ連のアフリカでの陣取りゲームによるメンギスツ革命で１９７４年に倒れるまで、エチオピア帝国は19世紀に攻め込んできたヨーロッパの軍隊を機関銃で迎え撃って破り、アフリカ大陸で独立を守った唯一の国としてアフリカで大変に尊敬され、ハイレセラシエ皇帝はアフリカ統一機構をつくり上げた（１９６３年）ことにも象徴されるように押しも押されもせぬアフリカのリーダーであった。エチオピアと日本は、アフリカとアジアにおいて欧米に植民地されなかった数少ない国同士として戦前から緊密な関係にあった。敗戦後の日本に最初の国賓として来日したのはハイレセラシエ皇帝であり、昭和天皇自ら羽田空港に出迎え丁重にもてなした（１９５６年11月）。11月25日、皇帝はその前の週の19日に全線電化されたばかりの東海道線の特急「つばめ」で関西に向かった[43]。また大阪万博の機会に再来日した時には、昭和天皇は完成したばかりの皇居新宮殿の「石橋（しゃっきょう）の間」を特にご案内された（１９７０年）。能の石橋の獅子にかけてライオンを紋章とするエチオピア皇帝へのもてなしをされたのである。

　そのエチオピアは（アルメニアと並んで）世界で最初にキリスト教を国教としたアクスム王国の流れを汲み、エチオピア皇帝は旧約聖書に出てくるシバの女王とイスラエルのソロモン王の血をひくと称してきた（ソロモン朝）。実際に初代国王メネリク1世がソロモン王とシバの女王の息子なのかはともかくとして、メネリク王がソロモン王のもとにあったモーゼの十戒の石板をまんまと持ち出して爾来アクスムの教会に保管されている、とエチオピア正教の人々は信じている。そのアクスム王国は、現在のイエメンにあったサバ王国に端を発し同地方の人々が海を渡って今日のエリトリアとエチオピア地域に建国したと見られており、紅海を海路とする広範な交易で大いに栄え独自の銀貨も鋳造するほどであった。

このようにエチオピア人はシバの女王はエチオピアの女王であったと信じているが、他方、紅海の反対側のアラビア半島南西部のイエメンに行くとシバの女王は昔のイエメンにあったサバ王国の女王だとされている。アラビア半島は砂漠のイメージが強く、現にイエメンにも砂漠が広がっているし、南部では雨が降らない。ところが、西部に広がる山岳地帯では年間1000ミリの降雨量がある地域もあり、農業生産も盛んで、そうしたことからか、かつてイエメンは古代ローマ人から「幸福のアラビア」と呼ばれた[44]。現に、イエメンはエチオピアと並んでコーヒー発祥の地であり、モカ・コーヒーはイエメンの紅海沿岸にありかつてはコーヒーの積出港として繁栄した町モカからつけられた名前である。

そのイエメンに筆者が昔滞在中会った人々は、異口同音に「シバの女王のダム」の遺跡について誇らしげに語った。イエメンはイスラム到来前から農耕のための灌漑技術に優れていたことが知られており[45]、中でも紀元前1200年頃から紀元275年まで栄えたサバ王国は農耕と交易で豊かであった。サバ王国は現在のイエメンの首都サナアから東に約170キロにあるマアリブを都とし、「シバの女王」の宮殿跡や神殿跡の遺跡が今も残っている。その近郊につくられ農業の礎を築いたのが「シバの女王」が建造したとイエメン人が信じるダムであった。遺跡には紀元前600年という碑文もあるが、複数残されているダムの遺跡の正確な建造年は定かではない。誰が築いたにせよ、地形的には山岳地帯から砂漠地帯に流れてやがて沙漠に消える川（ワディ・アダナ〜ワディ・アッスドゥ）が削った丘陵の狭窄部を利用していくつかつくられ、最大規模のものには両岸に残っている石造りの水門塔の遺跡が大きくそびえていて、当時はかなり広い範囲で灌漑が行われていたことをうかがわせる。[46]

アラビア半島の付け根、紅海からインド洋に向かう角にあるイエメンはかつてイギリスが「インドへの道」の重要拠点と位置づけていた。イギリスが海軍基地を1967年まで置いていた南部の港町アデン[47]はこれでもかと思うほど太陽が照りつけ、降雨はほとんどない町だが、そのアデンにも紀元1世紀に建設されたとされる18段からなる貯水ダムがある。類似の貯水施設は南部のアム・アディアおよびフサン・アルグラブにも見られる。[48]アデンは、数千年も前からインド洋と紅海さらに地中海を結ぶ重要な交易拠点として栄えていた。交易ルートの西北端は海路では紅海を経てエジプト、後にはローマ帝国すなわち地中海と結ばれ、陸路ではメッカ、ペトラ〔現ヨルダンの遺跡。映画インディ・ジョーンズの「最後の聖戦」のロケ地としても知られる〕を経て地中海岸に到達していた。東端はインドさらにはイスラム帝国時代にはマラッカ、そして中国に至った。アデンが古来中継貿易地であったことを示す記録として、紀元60年頃ギリシャ系エジプト人の商人が記したとされる『エリュトラー海案内記』の第26節にいうエウダイモーン・アラビアーがアデンに比定されており、そこには次のように記されている。「(中略) 海辺の村で、同じカリバエールの王国に属していて、(いくつかの) 適当な碇泊地とオケーリスのよりずっと甘い (いくつかの) 給水地があり、そこから陸地が後退しているので、湾の始まるところにあたっている。エウダイモーン・アラビアーはかつては都市で『幸福な〔エウダイモーン〕』と呼ばれた。その頃はインドからエジプトに来るものはなく、またエジプトから敢えて (外海の) 内部の諸地方へ渡航するものもなく、(おのおの) ここまでしか来なかったので、ちょうどアレクサンドレイアーが外部からのとエジプトの品とを受け入れるように、両方面からの荷を受け入れていた。しかし今では、我々の時代からそう離れていない頃に、カイサルがここを攻略した。[49]」

残念なことに独立以来イエメンではしばしば内戦があり、今日でもイランの支援する北西部のシーア派とサウディアラビアなどが支援する南部などのスンニ派の内戦が続き、泥沼と化している。

4　水と戦争

(1) 戦場になったスエズ運河

水はしばしば争いを招き、民族と民族の戦い、国と国の戦争の原因となった。かつて帝国を築いたポルトガル、スペイン、そしてイギリスは海軍力によって世界を支配した。しかしその海軍が敗れるとスペインの無敵艦隊がイギリスに敗れて世界帝国の地位が入れ替わったように、海は栄枯盛衰の舞台でもあった。

イギリスは世界の7つの海にわたって帝国を築き、今なお大西洋にも、インド洋にも、太平洋にも、カリブ海にも領土を持つ。そしてエリザベス女王は15か国の国家元首であり、例えばオーストラリアも、ニュージーランドもカナダも共和国ではなく王国である。そのイギリス帝国の最大の富の源泉はインドであった。イエメンのアデンに海軍基地を置いたのも、アデンがイギリス本国からインドに行く中間点にあって紅海の入り口に位置していたからであり、紅海がイギリスにとって死活的に重要となったのはロンドンからインドに向かうのにアフリカ南端の喜望峰周りで行くより、地中海に入ってエジプトを経由し、紅海を抜けていくのが遥かに近いからである。産業革命がそれを可能にした。イギリスはまず19世紀半ばに地中海岸のアレキサンドリアからカイロを経て紅海入り口のスエズまで鉄道を敷いた。さらに1869年、イギリスの執拗な妨害（建設資金集めの起債ボイコット運動、工事開始後の労働者の劣悪な勤務環境を批判する人道キャンペーンによる工事中断など）にもめげずエジプト副王とオスマン・トルコ政府の勅許を得たフランス人のレセップスが10年がかりでスエズ運河を開通させたことは、その後のエジプトの運命を大きく変えていくこととなった。喜望峰経由に比べてロンドンとボンベイ（現ムンバイ）を結ぶ航路が4割も短縮されて6200海里になり、運河が開通するや、通航する船舶の4分の3はイギリス船であった。[50]こうなるとイギリスの変わり身は速く、1882年にはエジプトを軍事占領して事実上保護国とし、スエズ運河地帯にはイギリス軍が駐屯し続けた（第3章参照）。

20世紀後半、スエズ運河はさらに大きく世界情勢に翻弄され、戦場となっていった。第2次世界大戦が終わると、アメリカがいやおうなしにイギリスに替わって世界を動かし始め、またソビエト連邦を頂点とする共産主義を奉じる人々と民主主義を信じる人々のせめぎあいが国際秩序の軸となった。アメリカはエジプトのファルーク国王を腐敗していると決めつけ、このままではエジプトが共産化すると怖れ、自由将校団のおこしたエジプト革命（1952～53年）の後ろ盾となった。しかし、革命の英雄ナセル大統領が、なかなか武器を売ってくれない西側に業を煮やしてチェコ・スロバキアからソ連製武器を輸入し、またバンドン会議（1955年）で周恩来首相と意気投合して中華人民共和国と国交を樹立したことで両国関係はこじれ、アメリカは事実上決定済みであったアスワン・ハイ・ダム建設への世銀融資をキャンセルさせた。ナセル大統領はそれならば運河収入で賄おうと考え、株主への補償を払うがスエズ運河を国有化すると宣言した。スエズ運河会社の筆頭株主のイギリスと歴代会長を出してきたフランスは怒り、スエズ運河の航行の自由を大義名分に掲げてイスラエルとともにエジプトに攻め込んだ（1956年、スエズ動乱）。ところが、この旧態依然たるヨーロッパ植民地主義的戦争はアイゼンハワー・アメリカ大統領の怒髪天を突く怒りを招き、またソ連は対イギリス攻撃をほのめかし、厳しい国際世論を前に3国は撤退を余儀なくされ、エジプトはついに81年ぶりに運河を手中に取り戻した。

イギリスとフランスの予想に反して、エジプト人によるスエズ運河庁は堅実な運営を行い、1958年には運河の通過船舶は約1万8千隻に増え、通航貨物量は1億4千万トンとなった[51]。そうした中、第2次世界大戦終了から10年余りを経て世界経済が回復して貿易量が伸びるとともに、船舶も大型化していくのを目の当たりにしたナセル大統領は、運河の水深を深くし、幅も広げる必要を感じ、資金調達のため世界銀行および海外の民間銀行に融資を申し込んだ。航行可能な船舶の大きさを拡張前の3万6千トンから拡張後には約4万6千トンとすることを目指すプロジェクトであり、世銀は、東京銀行などの民間銀行9行による500万ドル以上の参加を含めて5650万ドルの借款を供与することを決定し1959年12月22日に発表した[52]。

こうして拡張工事も始まり、スエズ運河収入はエジプト経済を支える大きな柱となることを目指していたが、スエズ動乱後の通航再開から10年後、運河には再び試練が訪れた。1967年6月5日、イスラエルがエジプト、シリア、ヨルダン、イラクに奇襲攻撃を仕掛けて開戦とほぼ同時にアラブ側の空軍基地を壊滅、制空権を握って、6日間の戦闘で圧勝し、スエズ運河からシャルム・エル・シェイクにいたるシナイ半島全土、ガザ地区、ヨルダン川西岸、ゴラン高原を占領してしまった（「六日戦争」）。イスラエルはスエズ運河に沿って長大な砂の城壁を築き、その内側に沿って点々と堅牢な基地を建設、スエズ運河を自国の防衛線、いわば城の外堀に変えた。シナイ半島東側アカバ湾の南端に面する要衝シャルム・エル・シェイクには堅牢な基地を築いてチラン海峡ににらみを利かせ、イスラエルの南端（であった）エイラト港から紅海そしてインド洋への航路を確保した。他方、イスラエルの外堀と化したスエズ運河は閉鎖されて地中海と紅海・インド洋すなわちヨーロッパと湾岸産油国やアジアを結んでいた水路は断絶、世界は古来の喜望峰周りの航路ないし行先によってはパナマ運河経由の航路を利用することを余儀なくされた。こうして通商コストが跳ね上がった結果、コストを引き下げる方途として船舶輸送の効率を上げるために船舶の大型化がさらに推し進められるという副次的な結果も招いた。

(2) 増える移民と水争い

なぜこの戦争は起きたのだろうか。シリアの首都ダマスカスから西方を仰ぎ見ようとして御簾を掲げれば、美しいヘルモン山の頂が雪に輝き、その豊かな積雪のお蔭で山塊から泉が湧いて川となり、南にむかってハスバニ川、バニアス川、ダン川がフラ湖沼に注いで、あの洗礼者ヨハネやイエスが活動していたヨルダン川の流れとなっていく。南下しながら滔々と流れるヨルダン川の水は地域の農民の生活を支え、そこにはのどかな時間が流れ、先に述べたように旧約聖書や新約聖書の舞台となった。

ところが、第2次世界大戦中のヨーロッパにおけるユダヤ人虐殺の贖罪としてルーズベルト大統領が亡くなる直前音頭をとったイスラエルの建国が、国連決議という戦後国際社会の「正義」の名のもとに1948年に実現した。これに怒って攻めてきたアラブ諸国との戦争に勝利すると、ロシア人とポーランド人のシオニストたちが中心となって建国したイスラエルを目指して、ますます多くのユダヤ系ヨーロッパ人がパレスチナに流入してきた。彼らは、昔から住んでいたパレスチナ人の農民たちが逃げ出したり追い払われたりした土地に入植していった。

人が増え、農業を行えば、水の需要は飛躍的に高まる。こうしてシリアとイスラエルはヨルダン川の水利用を巡っても対立を深めていった。シリアはガリレア湖（ティベリアス湖）の南でヨルダン川に注ぐ支流ヤルムク川にダムを建設しようとし、イスラエルは自国内に大規模用水を建設しようとした。こうしたプロジェクトに対してシリアはイスラエル側地域へのゲリラの潜入で妨害を試み、イスラエルはアメリカからの警告を受けて空軍による爆撃にこそ踏み切れないでいたものの長距離砲でシリアのダム建設現場などに攻撃を加え続けた。

そして先に述べた1967年の「六日戦争」が起きた。

元駐米イスラエル大使のマイケル・オレンは次のように明記している。「（中略）そして水の問題があった。他のいかなる要素にもまして水が問題であり、戦争は水を巡って展開するのである。[53]」「イスラエル国民の心には、二つの問題すなわち土地と水が、不離一体の形でしっかりと結びついていた。イスラエル国民は、非武装地帯に対する主権を断固として守る決意であり、シリアのヨルダン川流域変更を阻止しようとした。かつてエシュコル首相は閣議で『水源の確保なくしてシオニズムの夢は成就しない』と述べ、『水がエレツイスラエル（イスラエルの地）におけるユダヤ民族生存の基本である』と強調している[54]。」

シリアからの妨害など歯牙にもかけなかったイスラエルは１９６４年にガリレア湖（ティベリアス湖）から大規模な用水路National Water Carrierを2本建設して国を北から南に縦断させ、そこから数多枝分かれした水路が国中を潤すこととなった[55]。

こうして緊張が高まっていく中、イスラエルの水独占を打倒することは、アラブ団結の大義名分を与えることとなり、ナセル大統領が中心となって開催したアラブ諸国の会合をイスラエルは脅威の念をもって見つめていた。１９６７年5月13日、突然ソ連はナセルに、イスラエルがシリア国境に大軍を集結させており1週間以内にも攻撃しうると通報した。これを真に受けたナセルは、5月16日、１９５７年以来シナイ半島のイスラエルとの国境地帯に展開していた国連緊急軍に国外退去を求めて自軍をシナイ半島に展開し、さらに22日チラン海峡をイスラエル船に対して封鎖した。これを受けて翌23日イスラエルは国家総動員令を発動、イスラエル外相はワシントンに飛びジョンソン大統領と会談。親イスラエルのジョンソンはいざとなれば助けると言いつつ、イスラエル側が戦火を切ってはならないと言った。しかし、それに反して6月5日早朝、イスラエル空軍はエジプトはじめシリアなどの空軍基地を奇襲攻撃し瞬く間に制圧してしまった。

そして水。パレスチナ人は土地ばかりか水も失うことになった。イスラエルはガリレア湖とヨルダン川西岸の水を完全に抑えたのである[56]。ゴラン高原のヨルダン川の水源地帯を抑えたイスラエルは占領地を併合し、またヨルダン川西岸のパレスチナの地下水もユダヤ人入植者とイスラエルが80％を奪い、パレスチナ人の農民は20％しか使えず、[57]不足分の水はイスラエルに高額を支払って購入せざるをえない体制を強いている。シリアからヨルダン国境に沿って流れてきてガリレア湖（ティベリアス湖）の南でヨルダン川に流れ込むヤルムク川の水でさえ、シリア農民とヨルダン農民が両国領内で使う水以外はすべからくイスラエルの農民の貯水槽に吸い上げられパレスチナ人のもとにはたどりつかない。こうして今日、ヨルダン川はちょろちょろとした流れになり、時に干上がる。

ヨルダン領内からはもうひとつの支流ザルカ川がヨルダン川に注ぐが、ヨルダンとて必要な水は活用するし、パレスチナ難民に加え、シリア内戦によるシリア難民、イラクからのイラク難民を受け入れているヨルダンでは水の需要はいっそう高まっている。

こうして、人間たちの争いごとのあおりをヨルダン川が蒙ることとなった。かつて死海に13億立方メートルの水量を注いでいたヨルダン川からは、今や2千万ないし3千万立方メートルの水量しか死海に流入せず、[58]その結果標高海面下405メートルにあるヨルダン川終着点の死海は縮み続けている。

コラム2　肥後国の空を渡る石橋からの放水を支える高い技術力

熊本県　通潤（つうじゅん）用水（世界かんがい施設遺産、重要文化的景観、疏水百選）

低地の河川に囲まれている地形条件にあり、水不足に悩まされていた白糸台地を灌漑するため、1855年（安政2年）、熊本県上益城郡山都（やまと）町に通潤用水が建設された。水の便が悪く、水不足に苦しんでいた白糸台地に住む民衆を救うため、江戸時代、時の惣庄屋（町長）であった布田保之助（ふたやすのすけ）が中心となり、建設した石橋と周辺の水路である。

通潤用水の一部である「通潤橋（つうじゅんきょう）」は、長さ75・6メートル、幅6・3メートル、高さ20・2メートルもあり、豪快な放水のある、日本最大の石造アーチ水路橋として有名であるが、この石橋は保之助をはじめとする多くの人々の人力と、驚くほど綿密な計算、そして高い技術力によりつくられている。

32歳のときに惣庄屋になった保之助は、通潤橋の架設を計画した。水路橋として一番の問題は、橋より高い位置にある白糸台地にどのように水を送るかということであった。吹上式（逆サイフォン）に注目し、通潤橋の上を3本の石管を通して白糸台地に水を送る方法を考えた。保之助の総指揮の下、総勢41人の石工と多くの人たちの協力で完成した。

白糸台地に水を送る際もうひとつの課題であった頑丈な通水管についても、石の筒をつなぎ合わせ、隙間を特別配合の漆喰で漏れを防ぐ方法を考え出した。また、過剰取水を防止する円形の分水工、昼夜引き（一昼夜毎に上流と下流の受益者がそれぞれ取水する）などの公平な水配分の慣行に加え、上下二段構造の水路による水の反復利用による節水など、運用面も含めて、日本固有の技術の集大成と言える。

その技術力の高さは、1971年（昭和46年）の改修工事時に携わった人々も実感したと言われている。当時、モルタルやコンクリートなどを使い試行錯誤の上、修復した通水管は10年も経たないうちに水漏れが起こった。発展した現代の技術力をもってしても同じようにつくるのは難しいということである。

2000年（平成12年）の修復時には研究が重ねられ、架橋当時と同じ漆喰を再現し、忠実に通水管を修復した。2008年（平成20年）には、通潤橋と白糸台地の棚田景観が国の重要文化的景観に選定された。通潤用水の建設と棚田の築造は、近世後期に実施された地域主導の開発事業の中で、技術的難易度、規模などの観点からわが国における最大級のものであり、地域の農耕活動によって現在に至るまで維持されてきた重要な文化的景観、とされている。

２０１６年（平成28年）４月の熊本地震による橋上部の損傷、２０１８年（平成30年）５月の豪雨で石垣が崩落するなどの被害を受けたが、補修工事を実施し、２０２０年（令和２年）７月に約４年ぶりに放水が再開されている。布田保之助の技術は１６０年以上経った今でも、白糸台地の約１００ヘクタールの水田を潤し、地元の多くの人々のために生かされている。

（地域にまつわる言葉）
「通潤橋は民主主義を形にしたものである」（鈴木健二（アナウンサー、元熊本県立劇場館長））

　通潤橋は、苦しむ白糸の農民のために、行政を含む地域全体が力をあわせて造りあげたものである。また、素材は近くにある自然のものだけであり、公害もなく、静かに山里の風景にとけ込んでいる。取水の運用は円形分水など、公平、節水を常とする。その精神文化は、地域に引き継がれている。

（写真）通潤橋の豪快な放水

全国水土里ネット「疏水名鑑」（http://midori.inakajin.or.jp/sosui_old/kumamoto/a/655/index.html）

第3章　母の愛と死――ナイルとメコン

1　エジプトはナイルの賜物

(1) 豊穣の川

文明のゆりかご　滔々と流れる水、その豊かさゆえに人類で最も古い文明のひとつを開いたナイルの流れ。水は滋養分に富み、地味は肥え、豊漁や豊作の様子が何千年も前の遺跡やパピルスに残されている。カイロ・エジプト博物館を訪れると、人々の生活の様子をモチーフにしたさまざまなミニアチュアに目を引かれる。約4000年前（中王国時代、第11王朝時代）の漁師たちが並走する2艘のパピルス船で曳き網漁をして魚が網に入っている模型がある。それぞれの舟に乗っているのは船首と船尾に一人ずつの漕ぎ手と3〜4人の漁師、網の中には今日でも人々の食卓にのぼるティラピアや

ナイル川の流域

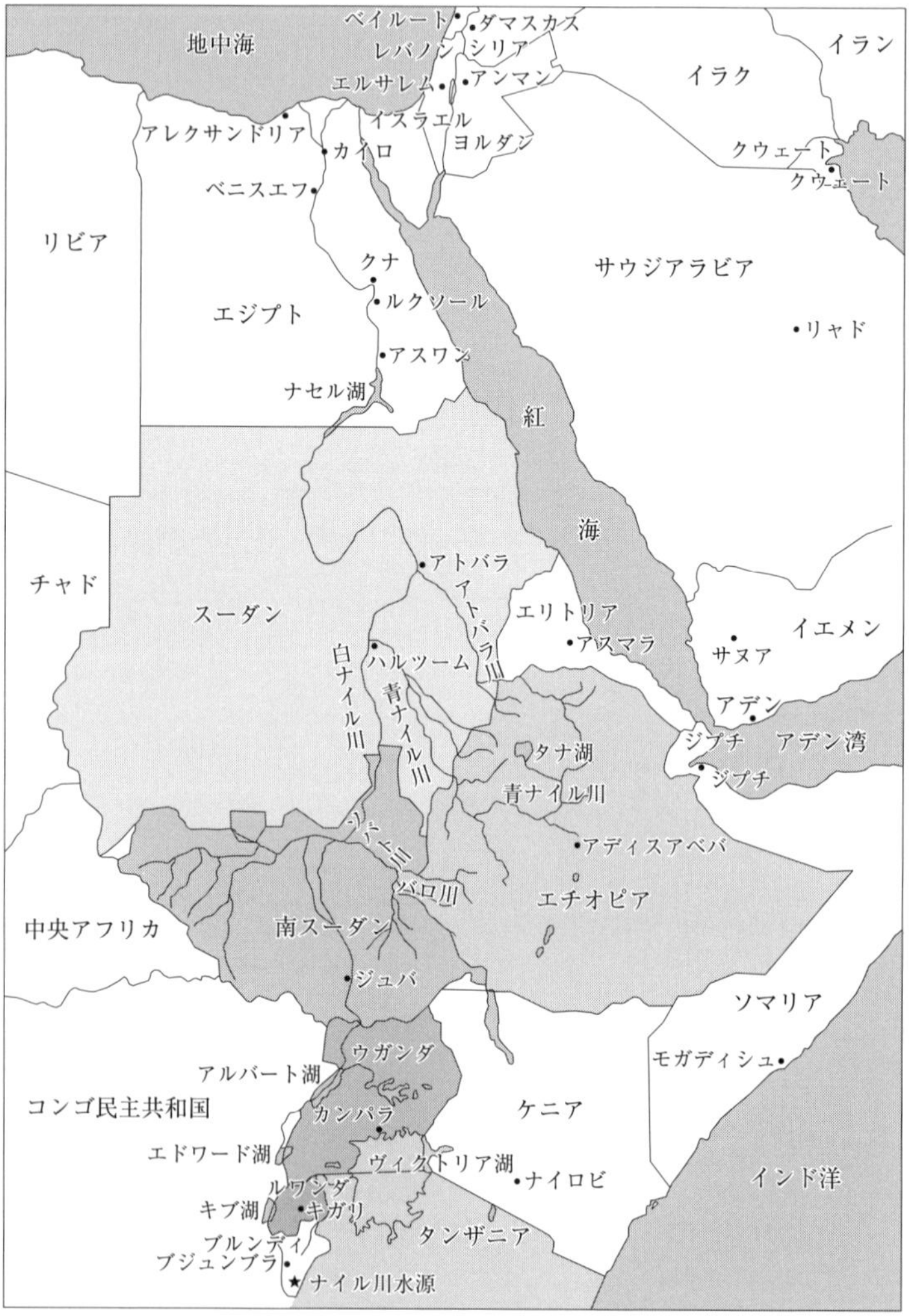

地中海
ベイルート
ダマスカス
レバノン
シリア
エルサレム
アンマン
イスラエル
ヨルダン
イラク
イラン
アレクサンドリア
カイロ
ベニスエフ
クウェート
クウェート
リビア
サウジアラビア
クナ
ルクソール
エジプト
リヤド
アスワン
ナセル湖
紅
海
アトバラ
アトバラ川
チャド
スーダン
エリトリア
アスマラ
イエメン
サヌア
白ナイル川
ハルツーム
青ナイル川
アデン
ジブチ
アデン湾
タナ湖
ジブチ
青ナイル川
ソバト川
アディスアベバ
バロ川
エチオピア
中央アフリカ
南スーダン
ジュバ
ソマリア
ウガンダ
モガディシュ
アルバート湖
コンゴ民主共和国
ケニア
カンパラ
エドワード湖
ヴィクトリア湖
ナイロビ
インド洋
ルワンダ
キブ湖
キガリ
タンザニア
ブルンディ
ブジュンブラ
ナイル川水源

ナイル・パーチなどナイル川でおなじみの魚。[1] カイロ近郊サッカラの遺跡に行けば、ナイル川を泳ぐ豊かな魚を掘ったレリーフを見ることもできる。魚は当時の庶民の大切なたんぱく源であった。

遺跡のレリーフや壁画には水鳥も多く描かれている。中でも4500年前のメイドゥーン（カイロ南郊）の遺跡から出土した幅172センチに及ぶ6羽の鴨の絵は、[2] どこか日本画を連想させる繊細な描写で描かれており、カイロ・エジプト博物館の宝物の中で最も美しい美術品だと筆者は感じている。古王国時代の墓には鴨猟の様子がしばしば描かれ、また羽をむしる男性、鴨を棒に刺して七輪を低くしたようなコンロで焼いている男性のミニアチュアも出土している。[3]

ナイル川が運んでくる滋養分に富む沈殿物のおかげで農業も栄え、遺跡には豊かな農作物や鳥、牛などの供物が描かれている。牛肉は主に上流階級が食していたと考えられ、カイロ・エジプト博物館には、4000年前に牛を数えるために主人または徴税人と書記たちの前を牛飼いが群れを歩かせているミニアチュアも展示されている。[4] サッカラの遺跡からは豊かな野生動物のほか畜牛の群れも描かれており、[5] またこれとは別にギザの一つ目のピラミッドを作ったクフ王の家畜だった牛が彫られたレリーフも見つかっている。[6]

パンとビールと職工

農耕は古代エジプトでは牛に犂を曳かせて土を起こし、鍬で耕して種をまき、麦が実れば鎌で刈り、千歯扱きのような道具または牛を歩かせて脱穀し、さらに軽い籾殻を吹き飛ばすために空中に放り上げる作業をしていた。[7] 小麦の種類は多く、また大麦も栽培した。小麦粉をこねてパンを焼き、大麦でビールを作った。小麦粉を引く女性やパンを焼く男性、ビールを醸造している女性などのミニアチュアも見ることができる。[8] ギザのピラミッドの建設は奴隷たちが行ったと紀元前5世紀の古代ギリシャの歴史家ヘロドトスは唱え、それが定説となった。ピラミッドを見たときにはすでに建設から2000年が過ぎており、ヘロドトスは考古学的検証もせずになぜ奴隷がつくらされたとわかったのであろうか。しかし、近年の発掘調査によって、奴隷がつくらされたものではなく、今風に言えば建築士と作業員たちが、厚遇を得て建築していたことが明らかになった。

アメリカ古代エジプト調査協会会長の考古学者マーク・レーナー博士は、ピラミッドのすぐ脇にこそ建築チームの遺跡があるのではないかと推論して長年発掘してきた。博士が率いる多国籍チームは、4500年前にピラミッドを建設した当時の都市遺跡（ピラミッド・タウン）をついに発見して、ピラミッドの建設に従事した人々の違う姿を浮かび上がらせた。三大ピラミッドのうち2つ目のピラミッドを建設したカフラー王と3つ目のピラミッドをつくったメンカウラー王の時代にピラミッド建設にかかわった人たちが住んでいた都市の跡が砂の下に埋まっていたのである。王家に直接仕えていた高位の書記の屋敷跡、それとは別の街区の庶民の住宅跡、ピラミッドを建設していた労働者の宿舎とみられる一連の建造物跡、そして何よりも情報の宝庫であるゴミ捨て場跡などが発掘されてきた。美しい漆喰の塗装などが当時の色のまま残る建物跡、土器や道具、厨房、パン焼き窯、パンを捏ねる壺、ビール醸造の壺などに加えて、ゴミ捨て場からのさまざまな食べ物や書記が使った封泥（土でできた封蝋）など豊富な情報を伝えるものが出土した。班ごとに組織化されていた労働者たちは日干しレンガ造りの宿舎に班ごとに寝泊まりし、そこにはパンを大きな円錐形の素焼きの壺（ベジャ）で焼く広い台所があった。パンは9494キロカロリーで、労働者はおそらく4日に一度そのパンを支給されていたと考えられる。山羊や羊の肉、時には牛肉、またニンニク、玉ねぎなどの野菜も供給されていた。そこから浮かぶ仮説として、「奴隷などではなく、大量生産による、大量消費を享受していた労働者たちによるピラミッド建造という姿が浮かび上がってくる」、「第三のピラミッドを建設したメンカウラー王は『誰も仕事を強制されてはならず、みなが喜んで仕事をすることを望んでいる』と宣っていた」、とレーナー発掘チームに所属していた考古学者河江肖剰氏は述べている。[9]

ヘロドトスは、「エジプトはナイルの賜物」と記したことでも知られる。実際、古来ナイル川は水と天然肥料の供給源であったばかりではなかった。鉄道もトラックも高速道路もない時代、古代エジプトの人々はナイル川を運輸網の幹線として活用し、また川を起点に運河網を掘り、ピラミッド建設現場の足元にも運河が伸びてスフィンクスの近くに港が作られ石材が運ばれてきた。2013年に紅海沿岸のワディ・エル・ジャラフの港の遺跡で、ギザの第1のピラミッドを作ったクフ王に仕えたメレルという監督官がパピルスに記した日誌が発見された。そのエジプト最古のパピルスによれば、「クフ王の最後の治世である27年に、メレルは200名の水兵をまとめ、ギザの対岸にあるトゥーラの石切り場から切り出された石灰岩を、ナイル川と運河を使って、大ピラミッドの建造現場に運んだ。」[10]また、パピルスが発見された場所ではメレルが使っていた船も発見された。

古代エジプトではパピルス製の小船が広く使われた。パピルス舟はナイル川に沿っていくらでも材料があるので古くから市井の人も近くに出かける時や漁労などに使用していた。他方、大型船は高価なレバノン杉で建造された。クフ王のピラミッド脇からはレバノン杉で作られた2隻の「太陽の船」が発見されている。クフ王が死後太陽とともに天空を架けるための全長約43メートル、幅6メートル弱の大きな船である（第4章参照）。

古代エジプトにおいて、船は現世と死後の世界の多くの場面で重要な役割を果たしていた。葬儀でミイラは霊柩船で運ばれ、また冥土にたどり着くには川を渡らねばならなかった。そのため人々は渡し守の船に乗せてもらえるように清廉潔癖な人生を送った上にそのとき渡し守との問答にうまく答える必要があった[11]。船のレリーフやミニアチュアが多くの墓に残されている所以である。ツタンカーメン王の副葬品で長さが110センチを超える木製の船の模型[12]が出土し、当時の船のつくり、帆のかけ方や索の結び方などの詳細がわかる貴重な資料となっている。現世のナイル川を行きかう船は、村々からの税（農作物）の取り立て、兵士の輸送、川上で切り出したオベリスクの運搬など国の統治のために活用され、また、漁船、貨物船、旅客船などもつくられていた。ナイル川を往来する船の様子はミニアチュアや遺跡のレリーフ、壁画などで見ることができる。大型船には大勢の漕ぎ手と帆が描かれており、漕ぎ手に加えて帆をかけている船は北の下流から南の上流へナイル川を遡行する船、帆を下ろして漕ぎ手のみで進んでいるのは南から北へナイル川を下っている船である。これは、エジプトが地中海南岸に位置し、地中海から常に北風が内陸に向かって吹いているためである。

イスラム・カイロの水場

時代は下り、カイロ旧市街などに残っている美しいイスラム伝統建築の家では、この北風を利用すべく屋根に潜望鏡のような塔が北を向いて出ている。そこから涼しい北風が階下の屋内に吹き込み、人々に涼を与えたのち美しく彫刻された格子窓（マシャラベイヤ）から外に抜ける天然クーラーとなっている。

カイロ旧市街には今も城門と城壁の一部が残っており、その東側の高台には城砦・シタデルがそびえている。いずれも、十字軍の襲来に備えてサラディン（1137または38～1193年、正確にはサラーフ・アッディーン）[13]が急いで建造したものである。高台の城塞・シタデルから向こうは砂漠という土地柄のため、住民の飲料水と畑の灌漑のために水を確保する必要があった。サラディンは「サラディンの井戸」と呼ばれる深さ100メートル近い井戸を掘り、そこではロバが水車をひいて水を汲み上げ、それを別のロバが地上まで運んでいた。さらに大がかりな給水施設として、フスタット（カイロの南郊）で城壁の上まで水を汲み上げ、そこから城壁の上に設けた水路でシタデルまで延々とつないでいた。城壁は旧市街とフスタットの全域を囲うに至らなかったのでそのつなぎには水道橋が設けられ、シタデルからは一連の水車によって高台の上まで持ち上げられていた。

シタデルはサラディンのアユーブ朝からマムルーク朝、オスマントルコ、そして19世紀のモハメッド・アリ朝までエジプト政治の中心地であったため、次第に人口も増え、その結果14世紀には時のスルタン、アル・ナシル・ムハマド・イブン・カラウンがナイル川からより多くの水を汲み上げることを考え、1312年に新たな取水塔と水道橋を建設した。1480年には取水塔の拡大工事が行われるとともにシタデルの麓に大きな貯水タンクを作りそこからシタデルの給水設備に段々のようにつながる水車で水を汲み上げるようになった。ところが、1798年にエジプトに攻め込んだナポレオンが水道橋の一部の石を使って取水塔をフランス軍の要塞にしたために水道機能は破壊され、それ以来使用できなくなってしまった。さらに現代社会の多くの都市にありがちな道路建設によって水道橋は寸断された。長年の荒廃は隠しようがない状況に陥っていたが、21世紀に入ってからイスラム建築の大がかりな修復プロジェクトの一環として取水塔と水道橋も修復が進められ、少しずつ往時の美しさを取り戻している[14]。

イスラム王朝時代のカイロ住民と水の関係について考えると、水は今日で言う公共財のような位置づけであったことが当時の建築を見ると理解できる。カイロ市内には通りすがりの人が誰でも水を汲んでよい公共井戸ないし（近代化の後には）水道が多く設置されていた。特に旧市街に残っている往時の素封家の家の道路側には道行く人々や地元住民のための水場が設置されていた。また、1階に公共の水場が、2階に街の子どもたちのための教室（主にコーランを学ぶ）が設置された建物もある。「サビル・ワ・クターブ（泉と本）」と呼ばれるこの建物は、水を飲みに行くついでといえば目くじらを立てられそうだが、さもなければストリート・チルドレンで終わってしまいかねない子どもたちにも読み書きを教える側面もあった。水場と教室を組み合わせる発想は、子どもたちの就学率と識字率の向上のために学校給食を活用している国連の世界食糧計画（WFP）にも通じるところがある。

イスラム教徒は毎日5回お祈りをする。毎回の祈りの前には手と足を水で洗うようにモハメッドは定めた。水がないときには熱砂で手足を清めるようにとも言った。砂漠の砂は熱くてさらさらしており、両手でこすると手がさっぱりする。ちなみに、この教えのためと推測されるが、サブサハラ・アフリカでの感染症予防運動の一環として行われる手を洗うようにとのキャンペーンは、サヘルなどのイスラム圏でのほうがサヘルより南の西アフリカや中部・南部アフリカにひろがるキリスト教圏よりも民衆に浸透しやすいという現実がある。

（2）ナイルの水源

さて、ナイル川はいったいどこから流れてくるのだろうか、この疑問は多くの人の夢を駆り立てた。古代ギリシャ人はどこかアフリカ奥地の山に源流があると考え、ローマ帝国になるとシーザーもナイル川上流に探検隊を送ったが、そのローマの兵隊たちが無事に戻ってくることはなかったと伝えられる。古代ローマでは市民の娯楽のためにコロセウムで奴隷たちにライオンと戦わせ、またローマの兵隊たちはサンダルを履き、マントを羽織り、手には槍を持っていた。そしてケニアに住むマサイ族の人たちは、マントを羽織り、手には槍を持ち、おまけにライオンを倒して生き抜いてきたという。おお、マサイの人たちはローマの兵隊そっくりではないか、きっとシーザーが送った探検隊の末裔なのだ、という人に肯きたくもなる。その真偽はともかく、ローマの人々やエジプト・プトレマイオス朝の人々は、ナイル川は「月の山々」と現地の人たちが呼ぶ山から流れてきているところまでは知るにいたった。それはコンゴ民主共和国とウガンダの国境にあるルウェンゾリ山地（最高峰５１１０メートル）のことではないだろうか、あるいはケニアとタンザニアの国境にあるキリマンジャロ山（５８９５メートル）のことではないだろうかと議論されて久しい。

ナイル川は、全長約６７００キロで世界最長の河川。スーダンの首都ハルツームで南から来る白ナイルと南東から来る青ナイルが合流し、さらにハルツームから北約３００キロにある街アトバラで最後の支流アトバラ川が合流、その後スーダン北部の乾燥地帯を抜けてエジプトに流れ下る。

白ナイルと青ナイルが合流するハルツームは、１８８５年にイギリスの国民的英雄ゴードン将軍が戦死した地として近代アフリカ史では知られるが、ハルツームから青ナイルを少し遡ったあたりには

1504年に滅亡するまでキリスト教国として栄えていたアロディア王国の首都ソバがあった。イエスの使徒マルコが建立したエジプト地中海岸のアレキサンドリア大聖堂からの宣教師が6世紀にナイル川を遡ってヌビア地方にキリスト教を布教し、アスワン以南に3つのキリスト教の王国が栄えた。3国で最も南のアロディア王国は580年にキリスト教化し、首都のソバには広大なカテドラルを含む400の教会があったとアラビアの歴史家や貿易商人が記録している。[16] そこから南東方向に青ナイルを遡っていくと、エチオピア高原の標高1800メートルにあるタナ湖にたどり着く。タナ湖はエチオピアの北西部に位置し、青ナイルの水源とされ、湖上に点在する島々にはキリスト教（エチオピア正教）の修道院が多数ある。タナ湖の近くの古都ゴンダールにはエチオピアの王家ソロモン朝の元宮殿がある。エチオピアの始祖とされるアクスム王国（第2章参照）へのキリスト教はナイル川経由ではなく現在のレバノンから紅海を南下してきた人によって伝えられたが、その後高位の司祭はアレキサンドリア大聖堂から派遣されるようになった。7世紀にエジプトがイスラム教徒に支配されてからもキリスト教徒への迫害はなく、アレキサンドリア大聖堂も基本的には自由に活動してエチオピアとの往来もおおむね絶たれなかった。[17] なお、現在でもエジプト人の1割はキリスト教徒（コプト教と通称されるエジプト正教）であり、エジプト正教の法王の社会的地位は大変に高い。また閣僚にはコプト教徒を含め、カイロやアレキサンドリアをはじめとする国内にはキリスト教の大聖堂や教会が多い。

緑なすエチオピアの山々からは先に触れたアトバラ川も流れ出ている。タナ湖のある高原地帯を水源として西北に向かってスーダンに入り、流量としては青ナイルの3分の1ほどだが流域のスーダン東部の農業と電力を支えている。

さらにエチオピアの山々は、現在の南スーダン領内で白ナイルに合流するソバト川上流のバロ川などの水源地帯でもある。

さて、ハルツームから南に向かって白ナイルを遡ると、はるか山のかなたにあるナイル最南端の水源までたどり着ける。ヨーロッパの人に会うと、白ナイルはヴィクトリア湖が水源だと言われることが多い。しかし、それは19世紀にヨーロッパ人がアフリカを「探検」する中で、1858年にイギリス王立地理学会が派遣したリチャード・バートンとジョン・スピークがタンガニーカ湖を「発見」し、ついでスピークがさらに大きな湖を「発見」してこれこそナイルの水源だと思い込んで女王ヴィクトリアの名をつけたことによる。ちなみにリビングストンはタンガニーカ湖水源説を唱えていた。1937年に至り、オーストリア人のヴァルデッカー（Burckhart Waldecker）が最も南に位置するナイルの水源を「発見」した。緑豊かなブルンディの高原地帯にある標高2145メートルのギキジ山中腹には、1938年に建てられた小さなピラミッド状の記念碑がある。その水源があるルトヴ村はブルンディの首都ブジュンブラの南南東約130キロにあり、ナイル川水源の泉は南緯3度54分47秒に位置する。[18] 泉と言えばアフリカの諺では「大河はその泉に戻ることはない」と言い、また「川の水はのどが渇いている人を待つことなく流れていく」[19]とも言う。そしてルトヴの村人は、人は村を去ったり亡くなったりするけれども泉は昔からそこにあったし枯れることはないと言った。

（3）洪水と暦

さて、白ナイルと青ナイルが合流した後のナイル川の水量の85％[20]は青ナイルに由来する。そしてこ

ゴンダールの平均降水量（ミリ）

1月	2月	3月	4月	5月	6月
2	1	10	15	68	156
7月	8月	9月	10月	11月	12月
233	204	93	51	29	5

の圧倒的に水量が多い青ナイルは地味豊かな色の濃いエチオピア高原の土と岩を削りながら流れ下る。一方、白ナイルは雨が豊かな中部アフリカの山々で生まれ、ヴィクトリア湖やアルバート湖などアフリカ大湖地方の申し子であるが、勾配のほとんどない南スーダンの湿地地帯（サッド地方）で蒸発のためかなりの水量を失う。さらに流れ下るにつれて粘土質の沈殿物が混ざって水は白っぽくなる。宇宙から撮影されたカラー写真で見ると青ナイルと白ナイルのそれぞれの名前が文字通り水の色からきていることが明確にわかる。[21]

この両支流の水量の構成こそが、古来エジプトの農業を支えた洪水のリズムをつくってきた。少ない方の白ナイルの水量が年間を通じて変わらないのに対して、圧倒的に多い青ナイルは季節によって極端に水量が増減する。それはエチオピアの高原地方の気候に起因しており、降水量がモンスーン期とほとんど雨が降らない時期で大きく異なっているからである。青ナイルの水源であるタナ湖近くにある古都ゴンダールの平均降水量（ミリ）は上表のとおりである。[22]

エチオピア高原に降るモンスーンの雨が青ナイルの水量を押し上げる結果、エジプトでは7月からナイル川の流量が上がり始め、8月、9月、10月にはアスワン地点で毎秒1万㎥前後となる（最も多くなるのは9月）。[23]そしてエジプトのナイル川沿いは洪水に覆われた。この年中行事のような洪水がいつ始まるのかを把握しようとして観察していた古代エジプト人は、夜空で一番明るい星であるシリウスが日の出の直前に東の地平線に上る（日出直前出現―ヒライアカル・ライジング、Heliacal rising）と近々洪水が起きるということに気がついた。さらにそれが365日ごとに起きることにも気がついた。[24]古代エジプトの紀元前3000年の頃、このシリウスの日出直前出現は夏至の頃に起きていたので、洪水が起きる予兆として時期が一致したのである（地球の歳差運動[25]のため日出直前出現の時期は少しずつずれるので、現在は8月はじめになっている）。

洪水はエチオピアの豊かな土壌をエジプトの農地にもたらして地味を肥やす。やがて水がひけば人々は種をまき、農作物が育って収穫期を迎えて刈り取り終わるとまた洪水の季節が来る。この規則正しい洪水のおかげで、古代エジプトでは農業と文明、暦、治水技術、そして数学が発達した。

古代エジプトの暦は、洪水とシリウスとともに始まった。日本の国立天文台は古代エジプトの暦を次のように解説している。

「1年は12か月、各月は30日、10日ごとの週で構成され、さらにどの月にも属さない5日を加えて365日となる太陽暦である。4つの月で構成される次の3つの季節があった。

①アケト（Akhet）：土地が水に沈む洪水の時期、

②ペレト（Peret）：土地が現れ、田植えと成長の時期、

③シェム（Shemu）：水が低く、収穫の時期

さらに古代エジプトの人々は夜空を観測し、夜間の時刻を把握し、そこからシリウスのヒライアカル・ライジングの時期が次第に365日の暦とずれていくことがわかり、1太陽暦の長さが365・25日に気づいた。[26]」

このように、私たちが使っている暦はそもそもは太陽とナイル川の国エジプトで始まったのである。太陽と水は時を計るのにも使われ、古代エジプト人は陽時計と水時計を使っていた。

川とともに生きてきたエジプトの人々にとって洪水は年中行事であり、また大まかな時期はシリウスが知らせてくれたが、実際にそれがどういうタイミングか、そして特に洪水が覆う範囲はどれくらいになるかを予測する必要があった。そのために古代エジプトの時代からナイルの水位を観測する施設（ナイロ・メーター）を増水が始まる順に上流から点々と下流まで設置した。ナイロ・メーターのうち、エジプト統一王朝ができた当初の王国の南限だったアスワンの中州エレファンティネ島に残されているものと、カイロ市中の中州ローダ島のナイロ・メーターは第1王朝の頃につくられたと思われている。[27] ローダ島のナイロ・メーターの建物の中に入ると、地下に降りていく階段が延々と続き、地下深くの壁面には川から水が出入りする口が上下に3つならんでいる。長い階段を四角形の壁沿いにぐるぐると下りていく中央の空間には大きな柱が立っていて目盛りがあり、そこで水位を観測し、19世紀末までの水位測定の記録が残されている。エジプトの統治者は、古代第1王朝以来の6000年の間にエジプト、クシュ、アッシリア、エジプト、ペルシャ、ギリシャ、ローマ、アラブ、チュニジア、クルド、マムルーク騎士（主にトルコ系と中央アジア系）、オスマントルコ、等さまざまであったけれども、どの民族出身であったかに関わりなく、統治者も人々もナイルとともに生き、その治水に意を用いてきたことのひとつの証左がナイロ・メーターであった。

（4）地中海の北から来た厄災

古代のエジプト人は洪水を予知して何をしていたのだろうか。水が岸辺を越えてくるのをぼんやりと見ていたわけではなく、古来灌漑農業を行ってきた。川からは導水路をつくって周囲を土手で囲ったくぼ地（ベイスン、basin）に水深1・5メートルほどの水をため、さらにナイロ・メーターで測った水量に応じて想定した洪水の範囲で、次のくぼ地に順次水を導いていた。こうして2か月ほど畑を水に浸した頃に洪水が収まると排水して、現れた土地に種をまいて穀類を栽培した。この灌漑のおかげでエチオピアの肥沃な土壌が畑を覆い、また極めて重要なこととして、砂漠地の宿命とも言える毛細管現象で地下から上がってくる塩を洗い流すことができていた。[28]

水との共生の終焉

農作物は日本でもエジプトでも歴史上重要な徴税手段であった。豊臣秀吉の検地より3000年も前に、エジプトでは一定の長さの部分に結び目をつけた麻縄で耕地を測量し、その様子が壁画に残されている。[29] 徴税のためには正確な面積計算と精緻な度量衡を必要とした。大英博物館には紀元前1650年頃に書き写されたパピルスにかかれた代数と幾何学の教科書もある。例えば円の面積は直径から1/9を引き、残った8/9×8/9で計算していた。[30] 円周率としては約3・16になる。

エジプトでは、ナイルの水が届いている土地と届いていない土地の境界は極めてはっきりしている。大地の色は緑か黄土色かの2色しかない。このことを明確に理解していないと、ナイルの水こそがエジプトの命運を握っていることを理解しにくい。そして6000年にわたりナイル川という母なる自然と共生してきたエジプトの人々は、明治時代より少し前に始めた近代化の過程でイギリス産業革命の生産システムに綿花の生産地として組み込まれていき、近代技術の名のもとに自然を抑え込むことに舵を切った。洪水を抑える堰をカイロの北郊に建設、さらに1902年にはイギリス主導でアスワン・ロー・ダムをつくった。その上でナイルのデルタ地方には用水網を建設して、綿花生産に特化した農業に変えていった。綿花栽培には何としても洪水を抑え込むことが必要であったし、高品質の綿花の大量生産が実現したおかげで経済は栄えた。しかし綿花栽培には大量の水が必要であり、洪水で洗い流されなくなった地下から上がってくる塩という自然の復讐がおきた。洪水で運ばれて来る肥沃な土壌がなくなれば痩せる土地に化学肥料で対抗する人間。後述するアスワン・ハイ・ダムも同じ問題を惹き起こしてきたが、もはや後には引けないエジプトの人々。

運河を掘ったばかりに

1798年のナポレオンの侵攻に始まるヨーロッパとの邂逅で、かつてはウィーンをも包囲する勢いだったオスマントルコはヨーロッパとの力の逆転を思い知らされた。そうした中でオスマントルコのエジプト守備隊で頭角を現したモハメッド・アリはエジプト統治の権力を握った。当時のエジプトではオスマントルコ支配下でも実質上の権力を握り続けていたマムルークたちが依然として勢力を誇っていたが、モハメッド・アリは城砦シタデルでの祝宴を口実にマムルークたちを招いて惨殺、事実上の王朝を打ち立てた。モハメッド・アリ朝は揺らぐ主君オスマントルコを尻目にエジプトの軍事、経済の近代化を進め、次第に強国としての地位を固めていった。

しかし、エジプトには運がなかった。それは、ヨーロッパに地理的に近くて列強の干渉を受けやすい場所にあったこと、そしてなによりも、イギリスの「インドへの道」のただなかに位置していたことであった。モハメッド・アリ朝の第3代アッバース・パシャが、イギリスの甘いささやきに乗って地中海岸のアレキサンドリアからカイロ経由で紅海北端のスエズまで1850年代に開通させた鉄道

スエズ運河の効用

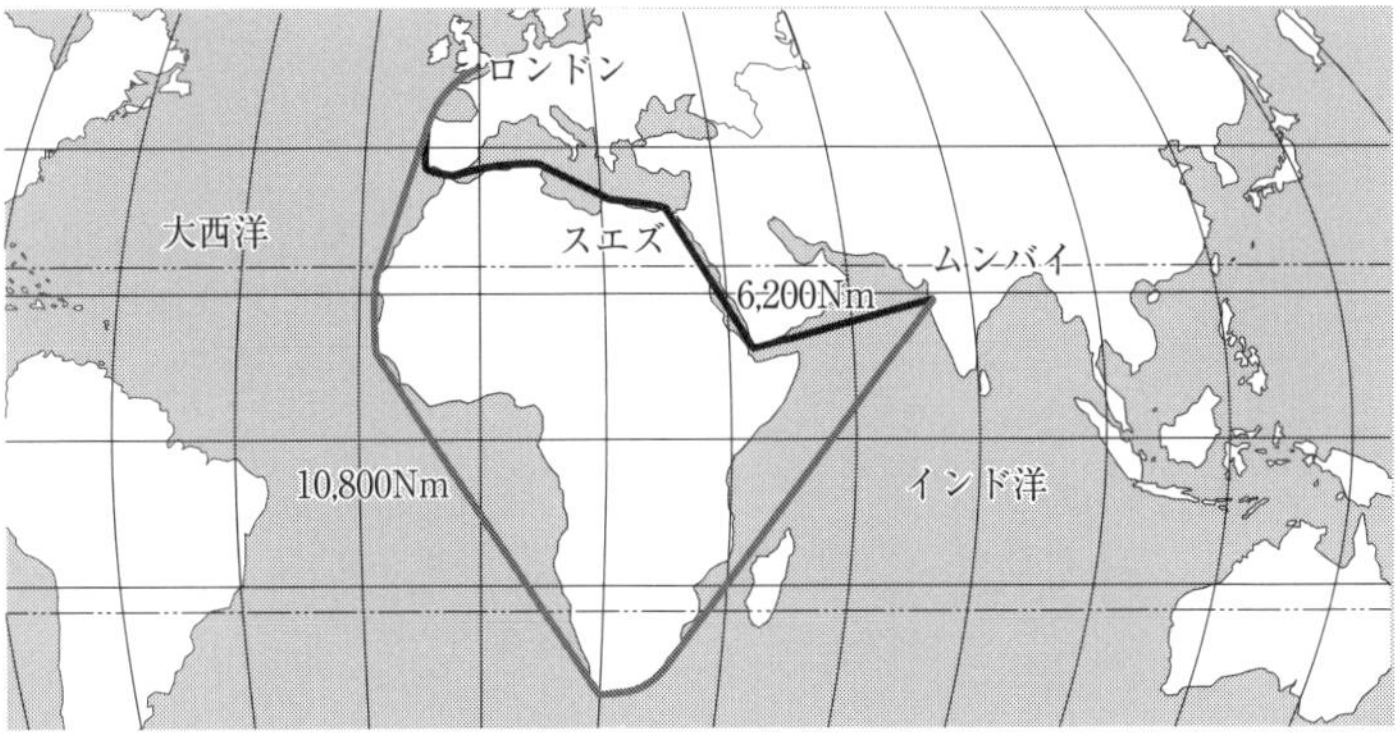

出典：https://voxeu.org/article/1967-75-suez-canal-closure-lessons-trade

は、実際はイギリス人技師がつくったものでイギリス製の機関車と車両が走っていた。スエズに運河を掘るのは難しかろうと考えて、陸路で「インドへの道」を連結しようとのイギリスの思惑が背景にあった。ところが、第4代サイード・パシャが子どもの頃から親しくしていたフランス人のフェルディナン・ドゥ・レセップスが1859年から10年かけて運河を完工し、1869年11月に第5代イスマイル・パシャ主催の盛大な開通式典が催された。ヨーロッパ列強の王族がそろい踏みした運河開通式典の最上位の賓客は、ナポレオン3世の妃ユジェーヌ妃であった。しかし、フランス主導でつくられた運河にライバルのイギリスが目をつけないはずはなかった。なにしろ運河はロンドンからボンベイ（現ムンバイ）への海路をケープタウン経由に比べて41%短縮[31]することになったのである。

　そうとは気がつかないフランス贔屓のイスマイル・パシャは、近代パリを建設したオスマン男爵の建築チームとオーストリアの建築家を招いてカイロ新市街を建設、カイロはパリ風ともウィーン風とも見える街となり、ナイルの真珠と呼ばれるにいたった。イスマイル・パシャは近代化を加速し意気軒昂、「エジプトはもはやアフリカの王国ではない、ヨーロッパの王国である」と言いはなった。

しかし、そこに待っていたのは「債務の罠」。

イギリスがエジプトにとどめを刺すチャンスは思いのほか早くやって来た。まず、スエズ運河会社の筆頭株主になる機会が転がり込んで来た。運河、灌漑、鉄道、綿花の大規模栽培などフランスとイギリスの投資家や銀行に依存した急速な近代化のつけから、今風に言えば「債務の罠」にはまったイスマイル・パシャは、1875年、フランスやイギリスの投資家に負っていた債務返済に充てようとしてスエズ運河会社のエジプト政府の持ち分44%を売りに出さざるをえなくなった。それを好機と見たイギリスのディズレイリ首相は素早く動き、議会に諮ることなくロスチャイルド銀行の力を借りて400万スターリング・ポンド[32]という安値で株を手に入れたのである。こうしてイギリス政府はスエズ運河会社の筆頭株主に躍り出ることに成功した。会社の経営形態を見ると、1858年から1894年までスエズ運河会社は創設者のドゥ・レセップスが会長と社長を兼務する最高経営責任者だったが、ドゥ・レセップスがパナマ運河建設の失敗とそれを巡る贈賄事件で失脚すると、両者は分離された。また、スエズ運河会社の定款では運河を利用する諸国の代表が役員会を構成することとなっていたが、実際は異なり、例えば1889年の役員を見ると、総数32名、うちフランス人20名、イギリス人10名、ベルギー人1名、ドイツ人1名であった。[33] 設立当時はエジプト人も役員に名を連ねていたが、イスマイル・パシャがエジプト政府の持っていた株をすべて失ったことから、役員会からも締め出されてしまった。

しかし、400万ポンドでは1876年には1億ポンド近くに膨張していた対外債務を返済することはできず、[34]イギリスとフランスは自国の債権者救済のためにエジプトの財政状態を調べる調査団を送り、一方でイスマイル・パシャは両大国となんとか折り合いをつけながら危機を乗り切ろうとした。ところが、エジプト国内では対外強硬論が湧きおこって事態がこじれ、結局1879年にイギリスとフランスはイスマイル・パシャを退位させ、パシャは亡命した。あとを継いだ息子のタウフィック・パシャは財務省、税関、鉄道、郵便局および港湾の英仏共同管理[35]を受け入れざるをえなかった。また、頼みの綱のスエズ運河収入も、1880年、運河収入の15％をエジプトが得るというロイヤリティーの権利を2千2百万フランというはした金[36]でフランスの不動産銀行 Crédit Foncier に売却せざるをえなくなった。

このような哀れな祖国を前に、エジプトの民衆の間に攘夷感情が高まるとともに政治と社会が混乱、タウフィック・パシャは1881年9月自分に反抗する人びとのリーダーであった将校ウラビ・パシャを国防大臣に任命するなど懐柔策をとらざるをえなくなった。しかし、1882年、アレキサンドリアで反ヨーロッパ暴動が起きたことをきっかけとしてエジプトとイギリスは戦争となり、イギリス海軍が艦砲射撃であの美しかったアレキサンドリアの街を徹底的に破壊、エジプトはイギリスに軍事占領されてついに事実上保護国化されてしまった。

こうしてスエズ運河会社の会長は初代のレセップス（1855～94年）以降1956年まで一貫してフランス人が務めた[37]にもかかわらず、イギリスがスエズ運河会社で強い発言権を持つようになった。

事実上イギリスの植民地に堕したエジプトは、搾れるだけ搾り取られた。振り返ってみればスエズ運河建設に3億5千万フランないし4億5千万フランというスエズ運河会社の資本金2億フランをはるかに超える大枚をはたいたというのに、1881年から1936年まで運河からは一切収入を得られなくなり、ようやく1936年から年間30万ポンド、そして1949年からは年間利益の7%をもらえるようになり、また役員を1名送り込めるようになっただけであった[38]。その間、運河が毎年生み出す富はエジプトの懐に入ることなく、イギリスとフランスに送られ続けたのである。

ただ、イギリスに軍事的に抑え込まれたエジプト社会では他のヨーロッパの国に親近感を覚える家庭が多く、特に上層階級は革命前のロシア貴族のように家庭内ではフランス語で話し、今日でもオペラ座に行くと老婦人たちはお互いアラビア語ではなくフランス語で話している。ヨーロッパ列強に翻弄されたエジプトの運命を嘆いていたエジプト人のブトロス・ブトロス＝ガリ元国連事務総長が、スコッチ・オンザロックを片手に何度もカイロの筆者宅で語ったのは、日露戦争での日本の勝利がどんなにかエジプト人を勇気づけたか、そして当時エジプトで生まれた男の子には「トーゴー」という名前をこぞって付けたという話であった。同氏は訪日すれば東郷神社に参拝し、またフランス語圏およびフランス語に関心がある諸国からなるフランコフォニー国際機関[39]の事務総長を1997年から2002年の間務めていた。また、第2次世界大戦の北アフリカ戦線でロンメル将軍がエルアラメインに迫ったときには、敵の敵は味方とばかりにカイロ中に「ウェルカム・ロンメル」の垂れ幕が翻った。当時若きエジプト軍将校だったアンワール・サダトは大戦中にドイツと通じていたことが露見してイギリス軍に逮捕されたが、後の大統領時代にドイツを訪問したときには流暢なドイツ語で演説を行った。

(5) ナイル川と国際力学

大英帝国の陰で　イギリスの保護国に堕したエジプトは、しかし、したたかに生きた。何よりも、イギリス側の思惑がどこにあったにせよ、ナイル川の水の権利を条約として確保したのである。

ナイル川は南緯3度54分のルトヴ村から北緯31度50分のロゼッタ（ヒエログリフ解読のきっかけを与えたロゼッタ・ストーンがあった町）まで36度もの緯度を越えて流れ、流域国は、ブルンディ、ルワンダ、タンザニア、ケニア、コンゴ民主共和国、ウガンダ、南スーダン、スーダン、エチオピア、エリトリア、エジプトの11か国に上る。これほどの数の国にどの程度の人がナイル川の水に依存して生きているのだろうか。

水の需要のほぼ全量をナイル川のみに依存しているエジプトでは、人口は驚くほどの速度で伸び、40年たらずで2・8倍以上増大した。

1971年	3531万1910人
2000年	6883万1561人
2010年	8276万1235人
2018年	9842万3595人

（出典、世界銀行[40]）

そして、2020年2月には1億人を超えた[41]。しかも、この膨大なエジプト人たちは100万平方キロの国土の中でナイルの水が届く3%強の土地でしか生きていけない。国土はナイルの水が届けば緑、さもなければ黄土色の2色しかないからである。日本の人口は1億2千万人強で、面積は38万平方キロと狭隘なうえ国土の3分の2近くは山と森におおわれているが、それでも可住地面積は10・35万平方キロ[42]とエジプトの3倍ある。

他方、エジプトに流れてくるナイル川の水量の85%を供給しているエチオピアの人口統計の推移を見ると目が回る。40年足らずの間に人口は3．7倍になった。これが干ばつと飢餓の国とかつていわれていたエチオピアのもうひとつの顔である。

1971年　2924万8643人
2000年　6622万4804人
2010年　8763万9964人
2018年　1億922万4559人（出典、世界銀行[43]）

エチオピアの国民は青ナイルの水だけに依存しているわけではない。しかし、国土は高原地方と東部の低地の大地溝帯とでは気候が大きく異なり、また民族構成はかなり複雑で内政の混乱要因となっている。北西部の高原地帯のアムハラ民族は建国以来の支配民族で主にキリスト教徒、北部のティグレ民族は人口こそ少ないが1991年から2012年に病死するまで権力を握っていたメレス首相などを輩出したキリスト教徒、東部の低地ではソマリ民族などのイスラム教徒、もともとは南部から広がったオロモ民族はついに2018年に首相（アビィ・アハメド）を出したが何世紀にもわたる被抑圧・不満民族であり、かつ宗教はキリスト教徒とイスラム教徒が入り混じっている。

スーダンはエジプトやエチオピアに比べると人口は少ないが、白ナイル、青ナイル、アトバラ川のナイル水系に依存している。

流域国の最新統計（エリトリアのみ2011年、ほかは2018年）の人口は次のとおり。

（青ナイルおよび白ナイル系）

エジプト	9842万3595人
スーダン	4180万1533人

（青ナイル系）

エチオピア	1億922万4559人
エリトリア	321万3972人（2011年）（アトバラ川の一部）

（白ナイル系）

南スーダン	1097万5920人
ウガンダ	4272万3139人
ケニア	5139万3010人
タンザニア	5631万8348人
ルワンダ	1230万1939人
ブルンディ	1117万5378人
コンゴ民主共和国	8406万8091人

（出典、世界銀行[44]）

多くの国際河川において、水源がある上流国と下流国は利害対立し、そこには国力が明確な形で反映される。メコン川は下流国の苦情に上流国中国は馬耳東風。ナイル川については、大英帝国時代は現地の人々は誰も何もいえず、第2次大戦後は下流国エジプトが他を圧する地域大国であった間は上流国は沈黙していた。こうした構図に巻き込まれて翻弄されてきたのはエチオピアであった。

1913年の欧州列強によるアフリカの植民地分割状態

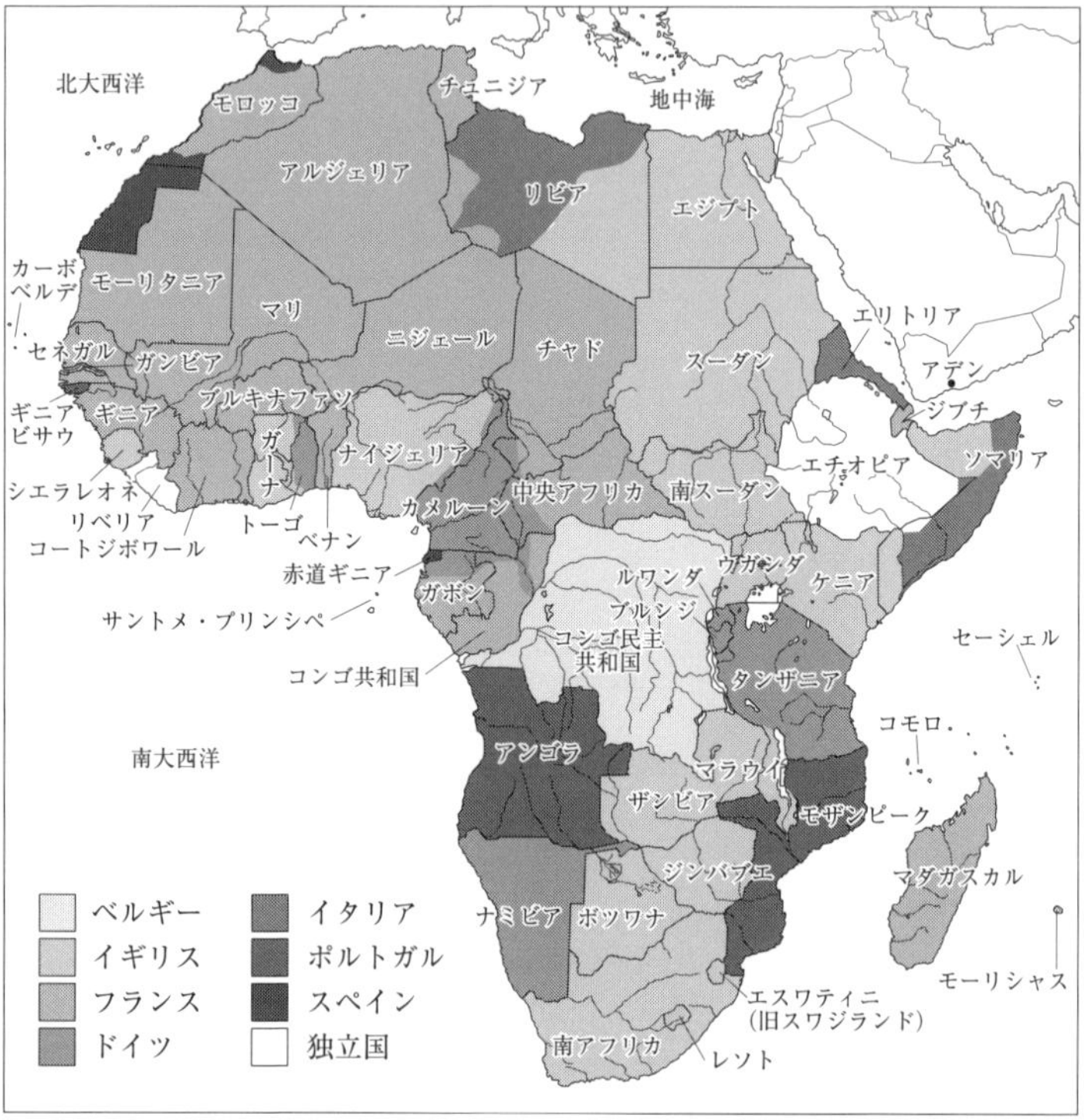

出典：https://ja.wikipedia.org/wiki/%E3%82%A2%E3%83%95%E3%83%AA%E3%82%AB%E5%88%86%E5%89%B2（2020年1月8日アクセス）

イギリスがエジプト（1882年）さらにスーダン（1898年）を抑え、3C政策のもとカイロ～ケープタウン～カルカッタの広範囲を大英帝国の一部としたとき、それはまたナイル川流域のうちエジプト、スーダン、南スーダン（当時はスーダンの一部）、ウガンダ、ケニアが大英帝国領となったことを意味していた（さらに第1次大戦後はこれにタンガニーカ⦅タンザニア⦆が加わった）。こうして、イギリスはナイル川の上流から河口まで実質全域を抑えたと言いたかったであろうが、邪魔者が2人いた。白ナイルに注ぎこむソバト川（その上流のバロ川）、青ナイル川、アトバラ川という3本の川の水源を領有するエチオピアに加えて、紅海沿岸のジブチを領有していたフランスである。イギリスはアラビア半島の南西端の港町アデンとアフリカの角のソマリランドを抑えて「インドへの道」の重要な中継点を確保したが、紅海を挟んでアデンの対岸のジブチをフランスが抑えてイギリス船ににらみを利かせていたのである。

イギリスはフランスを牽制するために、イタリアを利用することとした。ソマリランド（イギリスの保護領）とエチオピアでぐるりとジブチを囲うべく、エチオピアを獲るようにイタリアをそそのかし、イタリアは意気揚々とエチオピアに攻め込んだ。イタリアは1889年に今日のエリトリア領にあたる地域をエチオピアから奪い、さらにエチオピアを保護国化しようと駒を進めた。イギリスの掌の上で物事は進み、1891年にはイギリスとイタリアは東アフリカにおける両国の勢力圏を定める協定を締結、ケニア（イギリス）とソマリランド（イタリア）、エチオピア南部の国境を確定させ、またイタリアがエチオピアを保護国とすることを認めた。[45] エチオピアは、自国が関与しないところで結ばれたこの協定に抗議するとともに、フランスの助けを得ながら軍の近代化を進めた。

小癪なエチオピアを懲らしめるべくイタリアはさらに侵攻したが、間一髪エチオピアは踏みとどまり、1896年のアドワの戦いにおいて機関銃で武装した皇帝メネリク2世が率いるエチオピア軍がイタリア軍に勝利、イタリアにエチオピアの完全な主権と戦時賠償金の支払いを認めさせた。

ヨーロッパの「アフリカ完全分割」の野望に穴が開いたのである。アフリカをすべてわがものにして、その命運は現地人のいないところでヨーロッパ列強とアメリカの利害に則って決める（1884～85年のベルリン会議）という図式が、ナイル川の大水源地域では成立しないことになった。

3C政策敗れたり、と言いたいところだが、イギリスはお構いなし。1898年スーダン南部のファショダ村で起きたフランスとの軍事衝突（「ファショダ事件」）[46]に勝利して東アフリカでの自国の勢力を確立すると、1902年5月13日に、スーダン（大英帝国）とエチオピアの国境を定める協定を最後通牒までちらつかせながらメネリク皇帝に署名させ[47]、その第3条において「英国政府及びスーダン政府の合意がある場合を除き、青ナイル、タナ湖またはソバト川にその水の流れを阻みうるいかなるものも建設したり建設することを許容したりしない」と定めた。この協定は英語とアムハラ語（エチオピア語）双方を正文としたが、アムハラ語では「流れを止める」となっており[48]、そういう内容ならばやむなしと考えて（イギリスの自国に対する領土的野心を感じ取っていた）皇帝は署名をしたとされる。しかしこの協定がエチオピア側によって批准されることはなかった。

1929年に至り、エジプト（形式的にはイギリスの思惑によって独立を回復していたが実態はあまり変わらず）と英領スーダン（大英帝国内のケニア、ウガンダ、タンガニーカについても代表して）が協定を結び、ナイル川の水についてのエジプトの「歴史的権利」ないし既得権を認めて、エジプトが480億トン、スーダンが40億トンの取水権を持つと決められた。その他のイギリス領上流国の権利への言及はない。同協定により、エジプトは上流諸国におけるナイルの水量をモニターする権利を持つほか、大英帝国内のナイル川またはナイル川が流れ出る湖に注ぐ支流においてエジプトの利益を害する（エジプトにたどり着く水量の減少、水がたどり着く日の変更、水位の低下）いかなる灌漑および発電施設もエジプト政府の事前の同意なしには建設されない、という拒否権を獲得した[49]。

さらに1959年、エジプトと独立国となっていたスーダンは協定を結び、エジプトは555億トン、スーダンは185億トンと合意した。エジプトは1929年協定および1959年協定によって、自国のナイル川の水についての「歴史的権利」が確立していると主張し続けてきた。しかし、上流流域国にしてみれば、19世紀に侵略してきたイギリスが自分たちのあずかり知らないところで勝手に締結し、そのような帝国主義の残滓によってエジプトがナイル川の主であるがごとく振る舞い続けることには納得しがたいものがあった。1961年イギリスから独立したタンガニーカ（後のタンザニア）の建国の父ニエレレ大統領は次のように指摘した。1929年と1959年の協定によってタンガニーカおよびその他の上流流域国はエジプトの意のままにされることとなり、自国の開発計画は強制的にエジプト政府の監視と監督のもとにおかれる、公共政策に対するこのようなアプローチは独立・主権国家という地位と相容れるものではない[50]。

しかし、エジプトには歴代大統領、ナセルのカリスマ、サダトの実力、ムバラクの眼力、そしてアラブの盟主の力があった。エジプトがあたりを睥睨しているうちはそれが通用していた。

エチオピアの台頭

とはいえ時は移り、1999年に流域10か国が参加する水資源大臣レベルの政府間パートナーシップ機構として「ナイル流域イニシアティブ（Nile Basin Inriative）[51]」が設立された。総合的水資源管理、開発支援、調和ある水の使用、等を目指す新協定交渉などを行ってきていたが、エジプトの壁は厚く、物事は何も変わらないかに見えていた。

しかし、ナイルの上流と下流の両雄に変化が起きていった。１９７４年、ハイレ・セラシエ皇帝が投獄され帝政が終焉、ソ連の衛星国となったエチオピアは独裁政権下での粛清・混乱・貧困の道を進んでいたが、ソ連が崩壊した１９９１年にメンギスツ独裁政権は崩壊、93年のエリトリアの分離独立を経て、メレス首相時代に新しいエチオピアの国造りを進めていった。メレス首相は志半ばで２０１２年に病死したが、エチオピア経済は２００７／08年から２０１７／18年にかけて年平均９・９％の成長を続けた。ＧＤＰは８４３億ドル（２０１８年）、１億９０００万人の人口を抱える中で１人当たりＧＮＩは７９０ドル（２０１８年）と最貧国ではあるが、都市部、農村部双方において貧困削減は前進している。政府は公共投資によるインフラ整備と工業国化を目指している[52]。しかし、エチオピア経済は今なお農業を主軸としており、雨水に依存する脆弱性から干ばつがおきれば大きな打撃を受け、また近年にはソマリア、エリトリア、南北スーダンからの難民流入の重荷を背負ってきた。

　こうした状況を打破すべく、エチオピアはナイル川の水を取り戻そうと、「ナイル流域イニシアティブ」における協力枠組み協定交渉に力を注ぎ、上流国に団結を呼びかけエジプトに対抗し始めた。ナイル川流域協力枠組み協定は１９９７年から２０００年にかけて専門家パネルが、原則、権利義務などに関する作業文書を準備し、２００９年には条文が10か国中7か国によって合意され、２０１３年までにエジプト、スーダンと南スーダンを除く流域国は新しい枠組み協定に署名をし、またエチオピアなどは批准も済ませている。エジプトとスーダンが特にほかの流域国と対立した条文案は水の安全保障（water security）に関する第14条（b）項であり、エジプトとスーダンを除く上流国は「他のいかなる流域国の水の安全保障に著しく影響しない」との文言で団結し、下流国のエジプトは「他のいかなる流域国の水の安全保障および現在の使用と権利に悪影響を及ぼさない」との文言を主張した[53]。

「ナイル流域イニシアティブ」は、2017年から27年までの開発戦略[54]も示している。そこでは第1の目標として、国境を超えるナイル流域の水資源の入手可能性および持続的活用と管理を強化することを掲げており、次の諸点が強調されている。

・ナイル川の活用しうる水量が地域的・季節的に大きく変動する
・高い人口増加と経済成長によって水への需要が急速に増大している
・水資源に関する計画と開発についての円熟した地域メカニズムがないために流域国は一方的な水源開発を推進しており、これは紛争および／または共有する水資源の非最適活用を招きうる
・ナイル川は共有されている（shared）河川であるから、すべての流域国の需要を満たすために流域国が持続的かつ最適にナイル水資源を活用することをどうすれば確保できるのか、という課題が残る

一見、当たり前のことが書いてあるように見えるが、例えば「すべての流域国の需要を満たす」という文言の解釈、あるいは「共有する（shared）河川」という言葉の解釈が上流国と下流国でかなり違うであろうことは容易に想像できる。

そして2011年、エチオピアは国土開発のための巨大ダムを青ナイルに建設すると発表した。その名も「グランド・エチオピアン・ルネサンス・ダム」。50億ドルをかけ、青ナイル本流に全長1800メートル、高さ155メートルのコンクリート・ダム、支流に全長5000メートル、高さ

出典：毎日新聞電子版「ナイル川　エチオピアのダム建設、エジプト水不足懸念」2017/8/23 12:25（最終更新 8/23 13:10）https://mainichi.jp/articles/20170823/k00/00e/030/280000c

50メートルのロックフィル・ダムがほぼ建設を終えた。費用は国債の発行で賄うとされているが、一部に中国マネーとの未確認情報もある。完成すれば発電量は6000メガワットとなり、エチオピア政府はこの電力で国を工業国に変身させるとしている。[55] すぐ下流のスーダンには、電気を売ってあげるから賛成するようにと誘いをかけてきた。2011年、エジプトはイスラム原理主義の政権が誕生し混乱、当時のモルシ大統領は「戦争は望まないが」との発言もした[56]が、具体的力の裏付けがない強硬発言は国際社会では相手にされない。シシ政権になってからのエジプトは既成事実を突きつけられる中で、アメリカの仲裁などを求めてきたが、エチオピアは事実上取り合わず、2020年7月にはダムへの注水が始められた。エジプトの混乱による国際的地位の低下は覆い隠すべくもない。

(6) 瀕死のナイル川

母なる川を追いつめる人々

ナイル川の水量が危機に瀕しているとエジプト人が感じているというのは本当だろうか。あるいは、エジプトの人々はナイル川の水を本当に大切にしているのだろうか。

1970年代半ばにカイロに筆者が住んでいた頃、人々は優しく、貧困の中にもたおやかな時が流れていた。当時のエジプトの人口は3000万人そこそこ、ナイル川から古来引かれていた用水路にはごみが捨てられてはいたが、昭和30年代の東京のどぶ川という感じではなく、辺りの田園風景にホッとすることもできた。

その30年後の2000年代半ば、再びカイロに住むこととなって地中海から南下してカイロに向かう飛行機から見た夕刻のナイルデルタ地帯は煌々とアーク灯に輝き、カイロ空港も戦時体制にないこともあって電気で明るく照らされた近代的な建物であった。生活し始めてみればもはや30年前のように蚤に悩まされることもなく、きらびやかなショッピングセンターも開業、道路はドイツ製と韓国製の車で溢れ、郊外の砂漠にはロサンジェルス郊外かと見まごうばかりのゴルフ場を囲む高級住宅地も建設されてニューリッチたちが優雅に暮らしていた。サダト大統領が自分の命と引き換えにイスラエルとの和平を達成したエジプトは、人口爆発、開放政策による急速な経済の活性化、多くの起業家の活躍、砂漠の農地化、という一見輝かしい経済成長の結果、次の時代を背負う経済のネクスト・イレブン[57]のうちに数えられるに至った。エジプトは見違える新しい国になっていた。

そして、人口と経済の急速な成長につきものの環境汚染も急速に悪化していた。

エジプトを筆者が離れていた30年の間に5000万人も人口が増えてあっという間に8000万人を超えた。[58]貧農は湾岸諸国に出稼ぎに行き、国内に残る人々はカイロなどの都会に溢れ、ロバがひく荷車とわずかなトラックでは家庭ごみを収集しきれるはずもなかった。ゴミ収集はコプト教徒の貧困層[59]の専管とされ、彼らの住むカイロ東郊のモカッタムの丘の崖下の集落に行けば、山と積まれたゴミを素手でより分けリサイクルに売れそうなものを探す若い母親たち、その横では幼子がゴミを口に運び、同じゴミの山では豚が餌をあさる。イスラム教は豚を不浄のものとするがコプト教はそうではない。その集落と同じ地区には絢爛豪華なコプト教会がモカッタムの丘の崖を掘ってつくられ、キリストの高弟マルコによって紀元60年頃からエジプトで広がり始めたキリスト教の長い歴史の一面を垣間見る。この変わらぬコプト教徒専管のゴミ処理の実態は、人間の数と自然の包容力のバランスが崩れているのに人間の側が手立てを講じていない、あるいは講じようとしてもさまざまなしがらみによって講じることができないことを象徴する具体例となっている。

カイロ市内外でナイル川本流から一歩脇に入れば用水路はゴミ捨て場と化して水面も見えるか見えないかで異臭を放つ。用水路にゴミを捨てるのは、太古から続けられてきたことではあるが、しかし、昔は人間の数すなわち捨てられるゴミの量と自然の包容力にはそれなりのバランスがあった。今はそうではない。時に行われる用水路の清掃では、昔の日本のどぶさらいよろしく用水路の両脇にただただ汚泥とゴミを高く積み上げるばかり。家庭の排水はと言えば、農村部では浄化槽に流す（そしてそれが浅い地下で周りにしみ出す）か、または直接ナイル川ないし農業排水路に排出されていた。首都カイロにおいてすら下水管に接続されていない家庭も多く、浄化槽またはそのままナイル川に排水し、さらに工場排水、農業排水についても事態が深刻なことは一目瞭然であった。

２００５年に日本の環境省が実施した調査[60]は大気、河川、湖沼、湾の汚染の実態を明らかにした。そのうち水環境については例えば次のような調査結果を報告している[61]。

「都市部の下水には工場排水や商業施設からの排水も流入しているので、下水には、重金属、有機汚染物質も存在している。これらは、下水汚泥に濃縮された形で存在するケースもあり、下水汚泥の安全な処分、再利用にも問題がある。」

「ナイル川の汚染原因の内一番大きな原因は、ルーラルエリアでの生下水の流入と考えられる。これら生下水は、家庭から直接流入する場合と、下水・し尿／汚泥運搬トラックから廃棄する場合がある。」

工場排水については、「約3・9億㎥／年の産業排水がナイル川、用水路、排水路または下水道に排出されている。約34の大規模工場がアスワンとカイロの間に立地しているが、（中略）法律48／1982年の排水基準を超えている10の工場」の排水の違反実態を明らかにしている。

地下水については、「デルタの埋め立て地では、地下水中に高濃度のＴＤＳ（筆者注：総溶解固形分）、硫酸基、硝酸基が検出されている」、「ナイルデルタの中央部やナイルバレー及び砂漠地域では、地下水質は良好に保たれている。しかし、地下水汚染の場合、汚染物質の移流・拡散速度は表流水にくらべ、桁違いに遅い。広域モニタリングで有害物質地下水汚染が顕在化した時には、もう汚染が相当広まっている可能性が高く、一度地下水が汚染されれば、自然に浄化されることは少ない。」

農業用水については、「エジプト全体では、灌漑用水・排水路総延長は5万5000キロにも及ぶ。ナイル川及びこれら灌漑用水・排水路水質汚染はエジプト環境問題のなかでも重要な問題である。」「農業排水の主な汚染物質は、塩類、リン、窒素、残存肥料成分などであるが、（中略）家庭排水や産業排水も流入しているケースでは、病原菌、大腸菌、有害有機・無機物質などが存在している。」

アレキサンドリアからロゼッタ、さらにポートサイドにかけての美しい地中海沿いの汽水湖もすっかり汚染されている。その中のマンサラ湖について、「かつては、エジプト全体の30％の漁獲高を誇っていたが、最近は水揚げした魚介類の化学物質、細菌汚染の風評が絶えない。マンサラ湖から汚染した水を飲料水として利用する場合は、腸の病気に繋がっている。」

ナイルデルタの地中海に近い地域では、地下水の塩水化も進行している。[62] 気候変動によって、ナイル川最下流のデルタ地方では地中海が陸を侵食し始めていることもひしひしと感じられるようになった。[63] そのため、かつての畑を水田のように囲って水を溜めて魚の養殖を行いながら塩を抜くプロジェクトも細々と進められているが、焼け石に水。

エジプトのアブ・ゼイド水資源灌漑大臣（世界水会議会長）（当時）は専門知識と問題意識を持ち、後述（第5章）する「国連水と衛生に関する諮問委員会（2004年発足）」の委員も務めた。ナイル川の汚染についてもしばしば同大臣と意見交換する機会を得た筆者は、日本の環境省が作成した日本の公害経験と克服のビデオをアブ・ゼイド大臣、ジョージ環境大臣（いずれも当時）にお見せし、ナイル川は今ならまだ間に合うと意見が一致した。アブ・ゼイド大臣の計らいで第5回世界水フォーラム（2009年、イスタンブール）にはエジプトのリソース・パーソンとして[64]参加し、アラブ地域からの参加者の前で水の環境保全の重要性について話し、その縁で後日エジプトのテレビのトークショー番組で1時間にわたり解説を行った。そのような機会においては、日本は1950年代から60年代に悲惨な水汚染による悲劇を起こしてしまったが、あえて言えば日本には数えきれないほどの川があるので皆で力を合わせてなんとか環境改善を行えたこと、他方、「エジプトはナイルの賜物」ということはすなわちエジプトにはナイル川という川が1本あるだけだということを意味しており、ナイル川が衰弱すればエジプトの未来は極めて暗いと言わざるをえないことをかなりはっきりと述べた。そうこうするうちに現地NGOからも招かれるようになり、さらには関係5閣僚を交えた意見交換会も開かれ、ようやく何か具体的なことが進み始めかけた。

その頃、用水路の水が田畑に届かないとして農民たちの抗議運動が起きた。渇水でもない時に起きたこの事態を前に考えられるのは、用水路に捨てられたゴミが元凶ではないかということであった。そこで日本の農水省から大使館と水資源灌漑省に派遣されていた農業土木の技術者たち[65]とともに知恵を出し合い、彼らが築いていたエジプト側関係者の人脈を駆使してゴミ溜めと化していた水路を清掃するサクセス・ストーリーをつくることとなった。エジプトの水利組合と組んで女性農民を組織化してとある水路に茂っていた雑草を村の女性たちが刈り、大量に捨てられていたゴミを拾い集めた。それだけのことで水はまた流れ始めて、実験地区の畑に利用可能な灌漑用水が届いた。それを契機に、水路にゴミを捨てないよう、農村内でゴミを集め処理する仕組みもつくった。

こうして一歩ずつ何かが起きそうだという期待が膨らんだ矢先、エジプトは政治、社会、経済が混乱に陥った。若者たちの民主化運動でムバラク独裁政権は倒れたが、民主化を求めた若者たちの運動はあのナセル大統領でさえ禁じていたモスレム同胞団に乗っ取られてしまった。オバマ大統領は選挙で選ばれた民主主義政権だとほめそやしたが、イスラムの複雑な歴史やエジプトの村落に張り巡らされていた同胞団のいわば「細胞」の実態について無知の発言としか言いようがなかった。

ぐらついたエジプトの足元を見てエチオピアが青ナイルにアフリカ大陸最大のダム建設を開始したことは先に見たとおりである。そして、混乱の中でナイルは汚れ続けた。下流のデルタ地帯の畑では汚染が作物を枯らし、害虫をついばんでくれていた鳥も消え、農民たちは途方に暮れる。[66]

近代化の功罪

しかし、ナイル川の息が上がり始めたのは、それよりはるか前に遡る。ナセル大統領がアスワンにすでにあったロー・ダムの上流にハイ・ダムをつくることを主張し、アメリカに資金援助を依頼したがアメリカは反対、怒ったナセルは１９５２年にファルーク国王を追い払った革命を後押ししてくれたアメリカを見限ってソ連に接近した。

ソ連の支援を取り付けたナセル大統領は１９６０年にアスワン・ハイ・ダム建設に着工した。水没することとなるヌビア地方の古代エジプトの遺跡やさらにその上流で栄えていたキリスト教のノバティア王国の遺跡についてユネスコや欧米諸国が大急ぎで調査を行い、そうした中でアブシンベル神殿を60メートル上に移築する大工事が行われたことはよく知られる。１９７０年にダムが完成した年にナセル大統領は急死したが、広大な人造湖は「ナセル湖」と名づけられ、アスワン・ハイ・ダムのおかげで一層厳格な洪水の管理のみならずナセル湖の水のおかげでエジプトとスーダンの農業は振興し、ナセル湖では漁業が生まれ、また砂漠の緑化（農地化）も実現していった。ナセル湖から巨大なポンプで砂漠の中の水路に送水してつくられた湖の西北岸の砂漠の中に広がる新しい農村トシュカを訪れたときには、筆者も入植者が働く様子やそこで栽培される果物のヨーロッパ向け輸出の実現を見て、アスワン・ハイ・ダムの「偉業」のひとつを目の当たりにする思いであった。

しかし、良いことばかりではなかった。１９０２年にイギリスが建設したアスワン・ロー・ダムによってある程度洪水がなくなってはいたが、ハイ・ダムによって洪水を完全に抑え込んだ結果かつては洪水が洗い流してくれていた農地の土中の塩分が蓄積されていくばかりとなり、また数千年にわたりエジプトの農業を支えてきた上流からの肥沃な土壌がダムでせき止められてしまったため農民は化学肥料に依存せざるをえなくなった。さらにナセル湖に蓄積していくのは肥沃な土壌ばかりではない。青ナイルと白ナイルの合流点にあるスーダンの首都ハルツームもまた人口が急増しており、不十分な排水処理施設しかないためナイル川汚染の出発点となっている。[67] スーダンの町々を通って流れるナイル川はその汚水を集めながら流れ下りナセル湖へと注いでいるのである。さらに、砂漠の太陽が照りつける水面6000平方キロという広大なナセル湖からの蒸発量についてさまざまな調査が行われてきている。蒸発量にはいくつかの仮説があるが、いずれにせよ思いのほか多いのではないかとの懸念から、トシュカを訪問したときには湖面を何らかの方法で覆ってしまおうという考えすら耳にするほどであった。エチオピアの巨大ダム建設をめぐる両国の対立の中で、エジプトがダム建設でつくった人工湖ナセル湖からの蒸発という「水の無駄遣い」を衝かれたときにエジプト側はどう反論するつもりであろうか。蒸発と言えば、ナセル湖ができたばかりだった70年代半ばにはカイロで空に雲を見ることは稀であったが、30年後にはエジプトの空に雲が浮かび、また砂漠の中で美しい虹に出遭ったこともある。それは気候変動のせいだろうか、それともナセル湖のせいだろうか。うかつに非科学的なことを言ってはならないが、エジプトの人々は異口同音、ナセル湖の仕業だと噂し合っていた。

2　母なるメコン

(1)　サイゴン

「洋行」という言葉が持つハイカラな響きが絶えて久しい。かつて、人々は横浜か神戸の波止場から汽船に乗り、西洋を目指した。旅客機が登場してからもヨーロッパを目指す人の多くは汽船に乗った。飛行機があまりに高額だったからである。2つのルートがあり、ひとつは、ソ連（当時）のウラジオストックまで行き、シベリア鉄道に乗り換えて陸路2週間かけて西ヨーロッパに着く方法。もうひとつは、昔ながらに横浜か神戸から南シナ海とインド洋で寄港しながらスエズ運河を抜けて地中海へ、そして南仏のマルセイユに至る海路であった。

汽船が発明されてからしばらくして、1830年代にマルセイユからアレキサンドリアまでの定期航路が就航した。[68] そして日本郵船などがヨーロッパ航路を開くよりずいぶん前、フランスがベトナム南部を阮朝から奪った翌年の1862年に、フランスの旅客・郵船会社"La Compagnie des Messageries Maritimes"が極東航路を開設し、マルセイユ～アレキサンドリア～スエズ～シンガポール～サイゴン～香港または上海～横浜を結んだ。マルセイユから上海までは45日の航程であった。当時はスエズ運河開通（1869年）より前だったので、エジプトでは地中海岸のアレキサンドリアと紅海北端のスエズの間はカイロ経由の汽車で二日かけて移動していた。幕末、文久2年（1862年）に幕府派遣の訪欧使節団（正使、竹内保徳）に同行した医師高島祐啓の『欧西紀行』にスエズ・カイロ間の赤茶けた山の下を走る汽車の絵が描かれている。[69] 日本より一歩先に「近代化」を始めていたエジプトでは、1854年には、アレキサンドリアからの鉄道が一部開通、1856年にはアレキサンドリアとカイロ間が開通し、さらに1858年にはカイロとスエズ間が開通していた。[70] ちなみに、文久3年（1863年）に派遣された横浜鎖港談判使節団（団長、外国奉行池田長発）の一行も途中カイロを訪れており、ピラミッドを背景にスフィンクスの前で撮った団体写真が残されている。[71]

1869年のスエズ運河の開通により、マルセイユは「東洋への港」としてさらに栄えた。上記フランスの船会社の1882年の記録を見ると、2週間ごとの日曜日の午前10時にマルセイユを出港、寄港地は増えて、マルセイユ～ナポリ～ポートサイド～スエズ～ジブチまたはアデン～コロンボ～シンガポール～バタビア～サイゴン～トンキン～香港～上海～神戸～横浜を結んでいた。フランス領コーチシナ（ベトナム最南部）のサイゴンまでの所要時間は33日ないし34日であった。[72] 南シナ海からドンナイ川を遡ってサイゴン川に入った所にサイゴン港があった。街にはフランスが建てたフレンチ・コロニアル・スタイルの美しい建物が並び、戦前サイゴンやハノイを訪れた日本人はそこにフランスの香りを嗅いだ。逆にヨーロッパから日本に向かう帰国者にとっては、石炭を積み終わればいよいよヨーロッパの想い出ともお別れだと実感する港であり、森鴎外のように落涙したのであろうか。

第2次世界大戦後、"La Compagnie des Messageries Maritimes"はラオス号、ベトナム号、カンボジア号という3隻の旅客船をサイゴン経由で横浜まで運航していた。横浜の桟橋に停泊する白い船体はいかにも美しく、どこか洒落て見えた。ただ、次第に旅客船は競争力を失っていき、1969年11月17日に横浜を出港したラオス号がこの会社の最後の船出となり、107年の歴史に幕を閉じた。

フランスはコーチシナ（ベトナム最南部）を手に入れてから、メコン河上流のカンボジアとラオスを落とし、サイゴンはアジアにおけるフランス植民地の経済の中心として栄えていった。エッフェル塔の建設（1889年）で有名な建築家のエッフェルも、一旗揚げようと1872年にサイゴンに事務所を構えた。今はなき旧サイゴン中央郵便局などの壮麗な建物を市内に建築したほか、1880年代にフランス植民地当局が推し進めていた鉄道建設に伴って多くの鉄橋を架けていた。[73] 仏領インドシナの鉄道はシャム（現在のタイ）のバンコクからカンボジアを抜けてメコンデルタの鉄橋を次々と渡ってサイゴンにつながり、またサイゴンからハノイまで優雅な寝台急行が走っていた。

今日、サイゴンという都市は地図から消えてしまっている。１９６０年代はじめケネディ大統領が南ベトナム（ベトナム共和国）政府への軍事顧問団を増強してからずるずると始めたベトナム戦争は、１９７３年事実上のアメリカの敗北で終わった。アメリカ軍が撤兵した後、南ベトナムは自分たちだけで北ベトナム（ベトナム民主共和国）と戦い続けたが、１９７５年4月30日、南ベトナムの首都サイゴンが陥落して北ベトナムが南ベトナムを併合、サイゴンは北ベトナムの指導者の名をとってホーチミン・シティと名を変えた。陥落後多くの南ベトナムの人々があらゆる船に飛び乗って亡命を図り、「ボートピープル」となった。その救難と受け入れを豪州、日本、アメリカなどが行い、今も日本で力強く生き続けている方々がいる。

(2) メコンの疲れ

それから半世紀近くが経とうとしているが、実は現地の人々の苦難はまだ続いている。ベトナム戦争中にアメリカ軍はおよそ10年にわたって、反政府ゲリラの「ベトコン」を攻撃するためメコン河のデルタ一帯やダナンなど南ベトナムに広く枯葉剤を低空から空中散布した。枯葉剤はダイオキシンからつくられ、それを浴びた人たちの孫の世代にいたっても重い障がいを持つ子どもが生まれており、その人数はベトナム政府によると推定１３０万人に上る。障がい者に対する社会の差別もなかなかなくならず、彼ら彼女らの辛い人生は今も続いている。[74] そして汚染された土壌の洗浄もあまり進んでいない。

メコン川水域のダム

出典：https://jp.reuters.com/article/us-mekong-river-dam/amid-hydropower-boom-laos-streams-ahead-on-latest-mekong-dam-idINKBN2010B8

メコン河は、古来流域の農民と漁民の生活を支えていた。しかし、19世紀には内陸へのフランスの侵略の道筋ともなり、第2次世界大戦後は独立戦争から断続的に30年も戦争が続いた。そして今、かつて恵みを広い流域にもたらしていた「母なるメコン」は、静かに、しかし着実に眠りにつこうとしているかのごときである。枯葉剤の後に来たのは、エビの養殖場[75]や水田開拓などで加速されたマングローブの破壊。また、もともと雨季（4月ないし5月から11月頃）と乾季で大きく流量と水位が上下していた（12月に急に水位が下がる）[76]ところに気候変動がやってきて、いよいよ流量は予測がつきにくくなり、家庭や農業用の水不足、さらにはマングローブ伐採と相まってデルタ地帯への塩水の侵入も起きるようになった。上流の中国領内には次々とダムがつくられ、負けじとばかりラオスとカンボジアにも中国やタイからの投資でダムが作られていく。かつては上流から流れてきていた豊穣な土壌がせき止められてしまい、下流の田畑からは栄養豊富な土が消え、河からは魚影が消えた。農家は途方に暮れ、漁民は水清ければ魚棲まずを実感する。[77]

メコン河を遡っていくと、流域にはベトナム、カンボジア、ラオス、タイ、ミャンマー、そして中国の雲南省からチベットにたどり着く。全長４２００キロ（中国内再調査では４８００キロ[78]ともされる）、流域面積は日本の倍以上の79万5千平方キロ、年間流出量は４７５０億立方メートル、流域の総人口は3億人を超えている。[79]他の国際河川と同じように上流国と下流国の対立がある中で、この大河は、ラオス内戦からベトナム戦争、カンボジア内戦という冷戦期の戦争の最前線にあったこと、カンボジアでは自国民の4分の1を殺害したポル・ポト政権という恐怖と破壊の時代を経験したこと、そして急速に中国が6か国の中で他を圧倒するほどの強力な軍事力と経済力を有するにいたったこと、流域6か国のうち半数の中華人民共和国、ラオス人民民主共和国およびベトナム民主共和国の3か国は一党独裁の共産主義国家であることなど、特異な現代史と国際環境の中にある。

メコン河流域は、さまざまな国際協力の舞台でもあった。ラオスがまだ王国で、南ベトナムがまだ存在し、カンボジア王国が殺戮の嵐にさらされる前の１９５７年には、タイ王国と右3か国が「メコン河下流域調査調整委員会（メコン委員会）」を、国連のアジア極東経済委員会（ＥＣＡＦＥ。アジア太平洋経済社会委員会・ＥＳＣＡＰの前身）のもとに発足させた。ただ、ベトナム戦争の激化、ラオス内戦、南ベトナム消滅などによって、１９７５年に活動を休止した。

１９９１年のカンボジア和平成立後、１９９２年アジア開発銀行が中心となり、「メコン地域開発」構想が提唱された。活動の対象は、メコン河流域のベトナム、カンボジア、タイ、ミャンマー、ラオスの５か国と中国・雲南省の１地域（のちに広西チワン族自治区も参加）であり、国境をまたぐ地域全体の開発やＡＳＥＡＮに加入したばかりのベトナム（１９９５年）、ミャンマー（１９９７年）、ラオス（１９９７年）、カンボジア（１９９９年）と原加盟国との格差是正を図る活動を行ってきた。[80]

１９９５年４月になると、カンボジア、ラオス、タイ、ベトナムのメコン河下流４か国が「メコン河流域の持続的開発のための協力に関する協定」を締結して「メコン河委員会」を発足させた。灌漑、水力発電、航行、洪水制御、漁業、舟運、観光など広範な協力を想定し、また上流の中華人民共和国とミャンマーがオブザーバー（Dialogue Partners）として参加している。[81]

日本、インド、アメリカ、中国などはこぞってメコン流域国との関係緊密化を図り、日本は人材育成やＡＳＥＡＮの連結性強化の一助として東西を結ぶ回廊建設などに注力している。中国は２０１５年にメコン河流域の全６か国が参加する独自の「ランチャン（瀾江）・メコン協力」を設立し、２０１６年にその第１回サミットを開催した。それまでの「メコン河委員会」などの協力と異なり、アジア開発銀行、アメリカ、日本などを排除して中国の資金力を背景に流域の数多のプロジェクトに資金供与し、中でもラオスやカンボジアにおいて次々とダムを建設、建設したダムには過半数を出資して経営権を握るなど[82]一帯一路一河川ともいうべき様相を呈している。

そうした中、下流国の農民と漁民にとって苦しい問題が浮上した。水専門のアメリカの研究・コンサル会社Eyes on Earth Inc.社によると、2019年メコン河上流の中国領内には11のダムが存在して470億立方メートル以上の貯水量があり、2019年メコン河下流諸国を襲った干ばつでは中国国境より南のメコン河は過去50年以上で最低の水位を記録した一方で、人工衛星からの観測では中国の雲南省では5月から10月にかけての雨季の降水量と雪解け水は平均より多かった。[83] 中国は過去30年来雲南省内にダム建設を続けてきたが、特に2012年に大規模ダムが完成して以来、下流国の流域農漁民はメコン河の不安定な水位に苦しんできていた。[84] 水位は高ければよいというものでもなく、長年の人々の生活のサイクルにあっている必要がある。例えば、下流域の農民はこれまで乾季に現れる地味豊かな岸辺で野菜などを耕作して潤ってきたが、中国のダムが突然放水するたびに畑が流されてしまうようになった。何よりも泥色をした水こそはメコン河の豊穣のしるしでもあったが、ダムが土壌をせき止めた結果水は澄んでしまい、豊かだった漁業資源も姿を消しつつある。

しかし、中国にたてつく国力も軍事力も持たない下流諸国、特に直接生活を脅かされている農民と漁民には事実上なすすべがない。それどころか、下流国政府は中国の資金でメコン河に自分たちも発電所をつくりたいと考えて行動してきたばかりか、外交上もカンボジア、ラオス、ミャンマーは中国寄りの姿勢をとって来ている。例えば2012年、ASEAN議長国だったカンボジアは南シナ海の中国軍事基地建設問題で中国寄りの立場をとってベトナムなど他のASEAN諸国と対立し、ASEAN外相会議が共同声明を発出できないという前代未聞の事態を招いた。カンボジアはその後も中国寄りの姿勢を崩してはいない。南シナ海の南沙諸島についてはフィリピン、ベトナム、ブルネイ、マレーシア、中国がそれぞれ領有権を主張しているが、習近平政権は南シナ海は明帝国の時代には中国の内海だったと公言して2014年から7つのサンゴ礁を一方的に埋め立て始めて人工島をつくり、3000メートルの滑走路と水深の深い港からなる強力な軍事基地をあっという間に建設してしまった。

さらに雲南省から南シナ海に直接出られるような戦略を考え、雲南省からラオス・タイ国境流域に500トンクラスの船舶を通すために一連の早瀬や小島をダイナマイトで爆破する計画を立て、2016年にその調査についてタイ政府の同意を取り付けてしまった。タイの環境グループや地元住民はこれに反発したが、調査は着々と進められた。[85] ところが、タイの資本でラオスに建設し、発電量の95%をタイが買い取るサニャブリ・ダムが2019年10月に稼働を開始した[86]途端に下流の水が澄み、藻が繁茂し魚は消えた。今後さらに多くのダムがメコン河下流域と支流に計画されているため、6000万人に及ぶ流域住民のライフラインが窒息状態となりつつあると懸念されている。[87] 事ここに及んでタイ政府も重い腰を上げ、2020年2月5日中国の岩礁爆破計画を拒否すると発表するに至った。[88] 外洋に出たい中国が外交辞令は別にして、メコンの拡張計画をあきらめるかどうかについては、中国の国家戦略を見極める必要があることに加えて、例えばタイとベトナムが中国に対抗しようとして組んだとしても、開発資金をちらつかせられたときにタイの政財界が転ぶことはないのだろうか、そもそも軍事的に圧倒的に強力な中国に対抗する胆力はあるのだろうか。

けれども、人間が母なる自然は無尽の愛を注ぎ続けてくれると思い込んで甘えすぎたとき、自然は人間を包み込む力を使い切ってしまい、静かに、何もいわないまま憔悴していくのではないだろうか。レイチェル・カーソンの『沈黙の春[89]』（1962年）を読むと人間が誇る科学の進歩と自然の関係を深く考えさせられる。『沈黙の春』は、ケネディ大統領の目にとまり、ここに環境政策の萌芽が生まれた。ケネディ大統領は1963年11月に暗殺、カーソンは1964年4月に癌のため早世したが、世論が遺志を受け継ぎ、ついにニクソン政権下で1970年環境保護庁が設立された。さらにそこから多くの国の環境行政が始まったとすら言える。よく考えてみれば、昆虫がいなくなって鳥のさえずりが聞こえない春の到来——沈黙の春——は静かであるがゆえに底知れず恐ろしい。ある日、メコン河から農民の鍬の音も、漁民の網を打つ音も消え、聞こえてくるのはダイナマイトの爆破音と、それで航行が可能になった中国の大型船のエンジン音だけになるのだろうか。

コラム3　不毛の那須野に命の水

栃木県　那須野ヶ原用水（世界かんがい施設遺産、重要文化財、疏水百選）

那須野ヶ原は、慶長年間（1595〜1615年）に蛇尾川を水源とする蟇沼用水と1763年（宝暦13年）に木ノ俣川を水源として旧木の俣用水による一部地域の水利開発が行われるも、多くは不毛の地であった。その後、那珂川と鬼怒川間の45キロを結ぶ大運河構想に端を発し、明治の日本三大疏水のひとつとされるのが、那須疏水である。

明治初期の那須野ヶ原は、東北地方を中心として実施された明治政府の士族授産政策による開墾事業に誘発され、政府高官や華族・地元有力地主らによる結社農場建設が盛んに行われた。しかし、開拓予定地は水に乏しく、特に飲水にも事欠く事態は開拓者の大きな負担であった。この状況に鑑み、飲用水・灌漑用水確保のため那須疏水の開削が急ピッチで進められ、1885年（明治18年）に僅か1年で那須疏水幹線水路16・5キロが完成した。翌年に支線水路95・7キロも完成、約1000ヘクタールにおよぶ水田かんがい用水の他、生活用水としても利用されてきた。

那須疏水開削に大きく貢献したのが、印南丈作・矢板武の両翁である。那須疏水の開削以降、那須野ヶ原の開拓は飛躍的に進み、開墾社を中心に多くの村落が形成されるなど、那須疏水の通水は今日の那須野ヶ原発展の礎となった。

また、那須野ヶ原では、「水の一滴は血の一滴」とされ、その貴重な用水を平等に配分するため、特異な水利秩序として「背割分水方式」が発明され、現在にも受け継がれている。しかし、用水路の多くは土水路であったため、維持管理に多大な労力および経費を要し、漏水のため末端まで用水が届かないことが生じたことと、那須疏水開削以降も依然として用水の不足を生じていたことから、1967年から1994年（昭和42年から平成6年）まで国営総合農地開発事業において、新たな水源の確保と施設の改修がなされ、用水不足の解消と施設の近代化が図られた。

本事業は、那珂川上流に深山ダム（約2000万トン）、赤田調整池（約120万トン）、戸田調整池（約104万トン）を築造して水源を確保し、板室ダム（取水口）、西岩崎頭首工、蟇沼頭首工、新・旧木の俣頭首工の新設および移設改修、幹・支線用水路等（約340キロ）の新設および改修を実施した。この用水系統の統廃合により、事業実施前は単独で管理していた用水も、事業実施後は用水の相互利用が可能となった。

那須疏水を始めとする那須野ヶ原用水は、荒野を美田あふれる農村風景に一変し、日本の原風景的な豊かな田園空間を生み出した。特に、那須野ヶ原は冬の北風が強く、宅地および田畑の保護のため、緑豊かな防風林が設置され、また、集落を流れる蟇沼用水などでは、石積み水路が残され、洗い場では農産物や農機具等の洗浄に今でも利用されており、美しい農村景観を創設している。

現在の那須野ヶ原は、関東有数の水稲と酪農を中心とする農業地域として繁栄し、塩原・那須温泉といったリゾート地が隣接、毎年多くの観光客が訪れている。

（地域にまつわる言葉）
「那須野は　聞きしに違わず　草もいまだ長からず　木といふものは　木瓜さへもなし　炎暑の折など如何にぞや　手して掬ふ水もなし」（山崎北華（やまざきほっか、江戸中期の俳人））

江戸時代の紀行文「蝶之遊」の一節。「那須野はウワサに聞いていたとおりだ。生えている草も短く、日差しを避ける木々や瓜もない。これで炎暑の日だったらどうするのか。すくって飲めるような水もない。」水利条件の悪い那須野ヶ原は、みちのくと江戸を往来する旅人さえも毛嫌いするほどの原野であった。

（写真）那須疏水公園
全国水土里ネット「疏水名鑑」（http://midori.inakajin.or.jp/sosui_old/tochigi/a/612/index.html）

コラム4　南東北の荒野を美田に、さらに大都市に

福島県　安積（あさか）疏水（世界かんがい施設遺産、日本遺産、疏水百選）

明治時代になるまでの安積地方（現郡山市）は、年間雨量１２００ミリに満たない荒涼とした原野で、水源に乏しく発展が進まず、水利開発の願望される土地であった。１８７３年（明治6年）福島県の奨めにより二本松藩士が入植すると共に地元商業資本による開成社が設立され、ため池をつくり開墾が進められていた。数年にして２００ヘクタール余の開墾が実現し入植者による桑野村が誕生した。明治天皇の御巡幸に先立ち、１８７６年（明治9年）郡山を訪れた内務卿大久保利通はこの開墾を眼の当たりにし、福島県典事（福島県庁課長相当）中條政恒の請願に大いに心を動かした。

当時の政府は、廃藩置県により失業した士族の相次ぐ反乱の鎮圧と、困窮する士族の救済にせまられていた。このようなことから、未開の原野が広がるこの地が士族の入植地として選ばれ、九州久留米藩を始めとする全国９藩５００戸２０００人を入植させるためにも郡山西方25キロに位置する猪苗代湖の水利用をはかる猪苗代湖疏水事業の完成が急がれた。この事業は阿賀野川を流れ日本海に注ぐ猪苗代湖の水を、奥羽山脈にトンネルを掘削し、郡山盆地まで導水する一大事業であった。

１８７８年（明治11年）、オランダ人技師ファン・ドールンを現地に派遣し、猪苗代湖から安積原野一帯の調査を行った。政府は彼に、古来湖を利用している会津地方の戸ノ口堰・布藤堰の用水に支障なく、安積地方へのかんがい用水を確保する、猪苗代湖疏水事業計画の指導を仰いだのである。翌年、国直轄の農業水利事業第1号地区として着工され、日本海への流量を調整し猪苗代湖の水位を保持する十六橋水門や安積地方へ取水する山潟水門が建設され、隧道、架樋等、延べ85万人の労力と総工費40万7千円によって１３０キロに及ぶ水路工事を僅か3年で完成した。

このようにして安積疏水は、荒野を美田に一変させるとともに電力に利用され、都市用水を供給するなど地域経済発展の原動力となり、郡山は一世紀余にして33万人を有する南東北の中核的な都市に発展した。

１９７１〜１９８３年（昭和45〜57年）にかけて国営安積疏水農業水利事業が実施され、調整池が新設されるともに施設の近代化や集中管理体制が整備された。また、２００８年（平成20年）に完工した国営新安積農業水利事業により小水力発電所が造られ組合員の負担軽減に大きく貢献している。猪苗代湖疏水事業以来5度の国営事業とそれら関連事業により、安積疏水の施設は面目を一新し現在に至っている。

郡山市市街地を流れる疏水の一部は、近年「せせらぎこみち」として整備がなされ、地上面にせせらぎ水路と遊歩道が、地中には防火用水の貯留を伴う水路という上下2段構造とされている。このように、疏水の一部は市民の散策路として改修され、建設時にはなかった親水空間という価値が新たに加えられている。

（地域にまつわる言葉）

「一尺を開けば　一尺の仕合あり　一寸を墾すれば　一寸の幸あり」（中條政恒（福島県典事））

「一尺一寸開墾すれば、応分の幸福が訪れる」

福島県典事（福島県庁課長相当）であった中條政恒が記した福島県告諭書の一節。開拓への切実な思いと当時の困難さを感じさせる。郡山市開成山公園の石碑に「開拓の心」として刻まれ、今もなお、市民に受け継がれている。

（写真）明治時代の十六橋水門

全国水土里ネット「水土里デジタルアーカイブス」（https://www.inakajin.or.jp/jigyou/tabid/264/Default.aspx?itemid=386&dispmid=601）

第4章　海が織りなすコミュニティ──インド洋という世界

1　水と風

（1）水に浮かび、風に乗る

ルクソールに残る荘厳な葬祭殿で知られる古代エジプト第18王朝ハトシェプスト女王の時代、今から3500年ほど昔のこと、ナイル河畔のコプトス（ルクソールの北方約40キロにあった町）には外洋船の造船所があった。そこで建造された大型船は、陸送するために一度解体され、砂漠を越えて紅海の港マルサー・ガワーシスまで運ばれ、組み立てられた上で進水した。[1] マルサー・ガワーシスは今日人気のある海洋リゾートの町サファガとクセイルの間に位置していたが、そこから漕ぎ出た船団は、北風に乗り、はるか南のプント国との交易をめざした。プント王国の場所についてはスーダン、エリトリア、ソマリアなどの説があるが、葬祭殿のレリーフには、プント王国の王妃の姿や家々の様子、持ち帰った象牙、香木、香料（乳香、没薬）、生きた豹などの産物が描かれている。

レバノン共和国国旗

出典：外務省ホームページ（https://www.mofa.go.jp/mofaj/area/lebanon/index.html）

紅海に吹く風は難物だった。というのは、ちょうど紅海の中ほどの北緯20度以北では常に北風が吹いているため、風に頼る帆船が南方に出かけたあとどのように北上してエジプトの港に帰り着くのか、という問題を乗りこえなければならなかったからである。女王の船団の帆船は、横長の四角帆を備え、その帆の上下を帆桁と下桁が支え、また荒波をかわして船体を安定させるため大きな二本の舵が船尾の両側に取りつけられていた。2本の舵の操作と帆の向きを調和させながら船の進む方向を変え、また帆の張り具合も風の強さに応じて調整していた。さらに櫂を漕ぐ15人の漕ぎ手が船の両側にいた。「プントへの交易船は帆の他に櫂を装備していたために、逆風の中でもなんとか紅海を北上して帰港できたと推察されるのである」[2]と蔀勇造氏は指摘している。

ハトシェプスト女王はこのように海を越えた交易で国を栄えさせたことで知られるが、実は女王の時代より１０００年前の第5王朝のサフラー王時代の遺跡のレリーフにも当時の大型船が描かれている。サフラー王はレバノンやシリア地方と活発に交易し、またプント王国と最初に通商を行ったエジプト王だったともみられている。

古代エジプトの船はナイル川、紅海、地中海のみならず、空にも浮かんだ。ファラオの死後天空をかけるために作られたとおおむね考えられているが、ギザのクフ王（第4王朝、4600年前）のピラミッド脇では2隻の「太陽の船」が発見されている。今日のレバノン共和国の国旗に記されているレバノン杉で作られ、第1の船は発掘後断片を組み合わせて復元され、長さが43メートルもある実物をピラミッド脇の展示館で見ることができる。[3]

古来、多くの王国は紅海、そしてインド洋を越えた通商で繁栄を謳歌していた。例えば紀元前1世紀に興きたエチオピアの元祖アクスム王国は、アルメニアと並んで世界最古のキリスト教国となった（在位320～360年のエザナ王の時代）ことで知られるが、その繁栄は、地中海沿岸のアレキサンドリアから紅海南端のアデンを中継してソマリア、そしてさらにインド洋に至る通商路を抑えたことによる。インドや東アフリカとローマ帝国の間に位置して交易で栄え、自前の貨幣経済を実現するほど潤っていた。

(2) 三角帆のダウ船がつないだ世界

イギリス、フランス、その前のオランダ、さらにその前のポルトガルが襲いかかるより前、インド洋はユーラシア大陸の広大な範囲で繁栄を謳歌していたエジプト、イスラム帝国、ペルシャ帝国、唐、宋、そしてユーラシア大陸を支配したモンゴル帝国などに呼応する海の通い路でありコミュニティであった。その沿岸には異なる民族の商人たちが居住する国際海港都市が中国から東南アジア、南アジア、西アジア、さらに東アフリカにかけて展開し、栄えていた。例えば1512～14年にマラッカに在住していたポルトガル商人のトメ・ピレスは、東アフリカ人、インド人、西アジア人が当地に住んでいたと記録し、東アフリカ人についてはキルワ、マリンディ、モガデシュ（現ソマリア）およびモンバサ出身の商人に言及している。[4]

現在のタンザニアからモザンビークの長い海岸線にあったキルワ王国は、伝承ではペルシャの王子たちが礎を築いたとされるが、ポルトガルに襲われて衰退するまで、ペルシャやイスラム帝国、インドとの貿易で大いに栄えた。モロッコから中国まで広い世界を旅したイブン・バトゥータは1331年にキルワを訪問し、首都キルワの建物は優雅で最も美しい街のひとつであるといった。ユネスコの世界遺産に登録されており、往時をしのばせる立派なモスクや宮殿の遺跡が残っている。マリンディは今のケニアの東海岸に栄えた交易都市で、自ら船を出してインド洋貿易に携わり、また明の時代には1500トンの大船を擁する鄭和の艦隊の分遣隊がマリンディを訪問し、キリンを明に連れて帰ったことでも知られる。近辺からは中国の陶器の破片なども発掘され、往時の繁栄ぶりがうかがえる。

西欧史観およびそれを導入した日本の「世界史」では、2千年以上も前にエジプトとインドを結んでいた船による通商、あるいは7世紀に勃興したイスラム帝国の繁栄と平和と寛容について詳しく学ぶことはない。しかし、例えば紀元60年頃にギリシャ系エジプト人商人によって書かれた『エリュトラー海案内記』は当時のインド洋の賑わいを今に伝えてくれる。エジプトから紅海、ペルシャ湾、アラビア海、インド西海岸そしてインド東海岸にいたる交易についてさまざまな情報を掲載したガイドブックである。インド洋上に季節風が吹くタイミングに見合って目的地別にいつ頃エジプトを出港すればよいかと出港時期を教え、航海路沿いの港湾、そこに棲む人々や王国の様子、各地の特産品など取引される商品、入出港に当たり気をつけるべき干潮と満潮の差や浅瀬など入り江の操舵などについ

ムハンマド・アル＝イドリースィーの世界地図

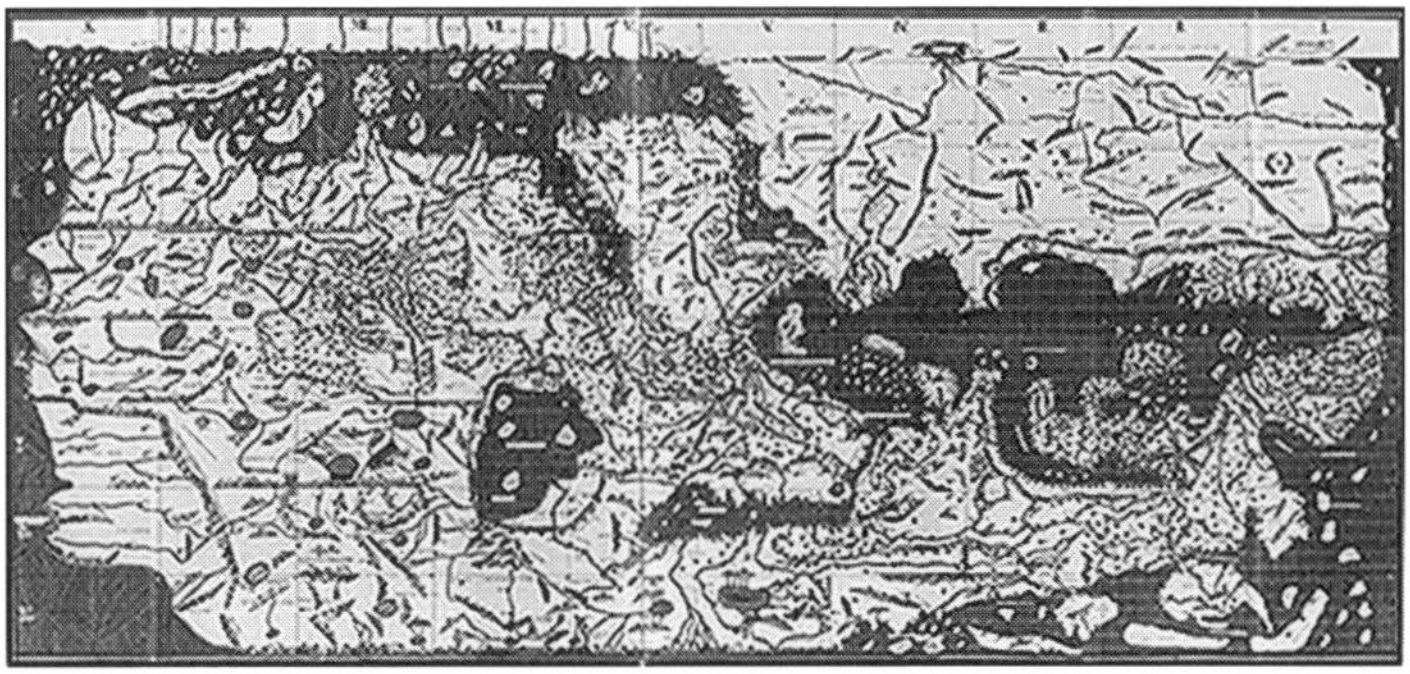

出典：https://en.wikipedia.org/wiki/File:TabulaRogeriana.jpg

て解説している。[5]また、7世紀に興ったイスラム帝国は文化、科学、医学、貨幣経済などが花開いて繁栄をきわめ、インド洋では千夜一夜物語に登場するシンドバッドのような国際商人が縦横無尽に活躍していた。

12世紀に活躍したセウタ（1415年ポルトガルに奪われるまでイスラム帝国の地中海岸重要港湾都市、現在はモロッコ内のスペイン領の飛び地）生まれの地理学者ムハンマド・アル＝イドリースィーが作成した世界地図では紅海とペルシャ湾から発するインド洋が一体として観念されていたことがうかがえる（南が上、北が下に描かれている）。

では当時船はどれくらいの日数をかけて異国に赴いていたのかを見れば、8世紀から15世紀におけるインド洋海上ルートでは、南西インドの交易都市カリカットからアラビア半島南部のミルバート（アラビア海に面する港町、現オマーン南西部）までの航海日数は25日、インダス川河口付近にあったダイブル（現パキスタンのカラチ近郊の遺跡とされる）からマスカト（現オマーン）まではわずか10日の航海であった。[6]

インド洋をまたにかけた国際商人の活躍を支えたのは三角

クウェイトの国章

出典：駐日クウェイト大使館ホームページ（http://www.kuwait-embassy.or.jp/E_outline_07.html, 2021年3月14日アクセス）

帆を擁したダウ船であった。国立民族学博物館の久保正敏氏は次のように指摘する。

「船の技術史によれば、順風に適した横帆ではなく、マストを軸とする回転の容易な三角帆が、人の海洋進出にとって画期的発明だった。風をはらんで翼の形となった三角帆の向きを変えれば、逆風でもジグザグ前進できる。アラブ人が紀元前後に発明し、季節風を駆使して交易に乗り出した結果、海のシルクロードが形成された。[7]」

三角帆とそれを駆使した向かい風に向かっての航法でダウ船は活躍を続け、20世紀末でも相当数がインド西岸からペルシャ湾、紅海、アフリカ東海岸の広い海域でおおいに活躍している姿が見られた。クウェイトの国章はダウ船であり、同国の通商の伝統を表している。湾岸諸国は石油・天然ガスで栄えるようになり、今ではどの国に行っても高層ビルが林立してあたかも未来都市のような様相を呈しているが、筆者が若かった頃はダウ船が係留されている風情あふれる静かな港であった。

インド洋は広大な大洋だが、船で渡るには好都合な自然条件がそろっていた。すなわち、季節に応じて定期的に吹く風とその風によって起きる吹送流（モンスーン・カレント）こそは古来インド洋を極めて活発な交易の海とした自然の恵みであった。家島彦一氏の解説では、10月中旬から3月末までは北東モンスーン航海期で「比較的ゆるやかな北東風が吹き、海は安定し、晴天の日がつづく。この期間の航海は安全で、三角帆を利用することによって、東から西、北から南、またはその逆方向の移動も可能となる（とくに九月後半から十月中旬は〝二つ帆［両帆］の風の季節〟と呼ばれて、東西間と南北間の全方向の航海が可能）。北東モンスーン航海期は、日本、朝鮮、中国から東南アジアへ、東南アジア、インドから南アラビア、ペルシャ湾岸へ、また、ペルシャ湾岸から南アラビア、イエメン、東アフリカ海岸への横断航海の最適な時期である。[8]」また南西モンスーン前期の航海期（4月上旬から5月末）と南西モンスーン後期の航海期（8月下旬から9月上旬）は、「東アフリカ海岸から南アラビア、ペルシャ湾岸とインド西岸へ、また南アラビアからインド西岸と東南アジアへ、東南アジアから中国方面などへ向かう。[9]」

インド洋で活躍してきたダウ船は、インド産のチーク材と、マルディヴ群島のココヤシ材を釘を使わないでココヤシで編んだ紐で縫合した帆船であり、「最大級の船は艇身五〇ズィラー（二九〜三五メートル）に達し、乗客は二百人、その他五〇〇マン（約三トン）の積み荷を運んだという[10]」。家島氏はオマーンのズファール地方で調査したアラブ古代船の構造をとどめるサンブーク船の特徴について、「船を建造するとき、外板を固定するための鉄釘や木釘を使用せず、板に穿孔をあけて、その穴に紐――ココヤシ樹の実を包む靭皮繊維をたたき、細紐に編んだもの――をとおして縫い合わせたあと、縫い穴、外板の隙間を樹脂、魚油やピッチなどで充填した船である。」と報告している。[11]ダウ船は商人用の船室と船艘を備え、乳香、沈香、木材、石材、米、宝貝、陶器などをバラスト商品として積んでいた。[12]

家島氏は次のように指摘する。「なぜ、インド洋において時代遅れとも言えるダウが、古い交易体系にもとづき、いまなお（筆者注：著作は1993年発行）根強く生きつづけているのか。また、数千

インド洋の交易航路と季節風

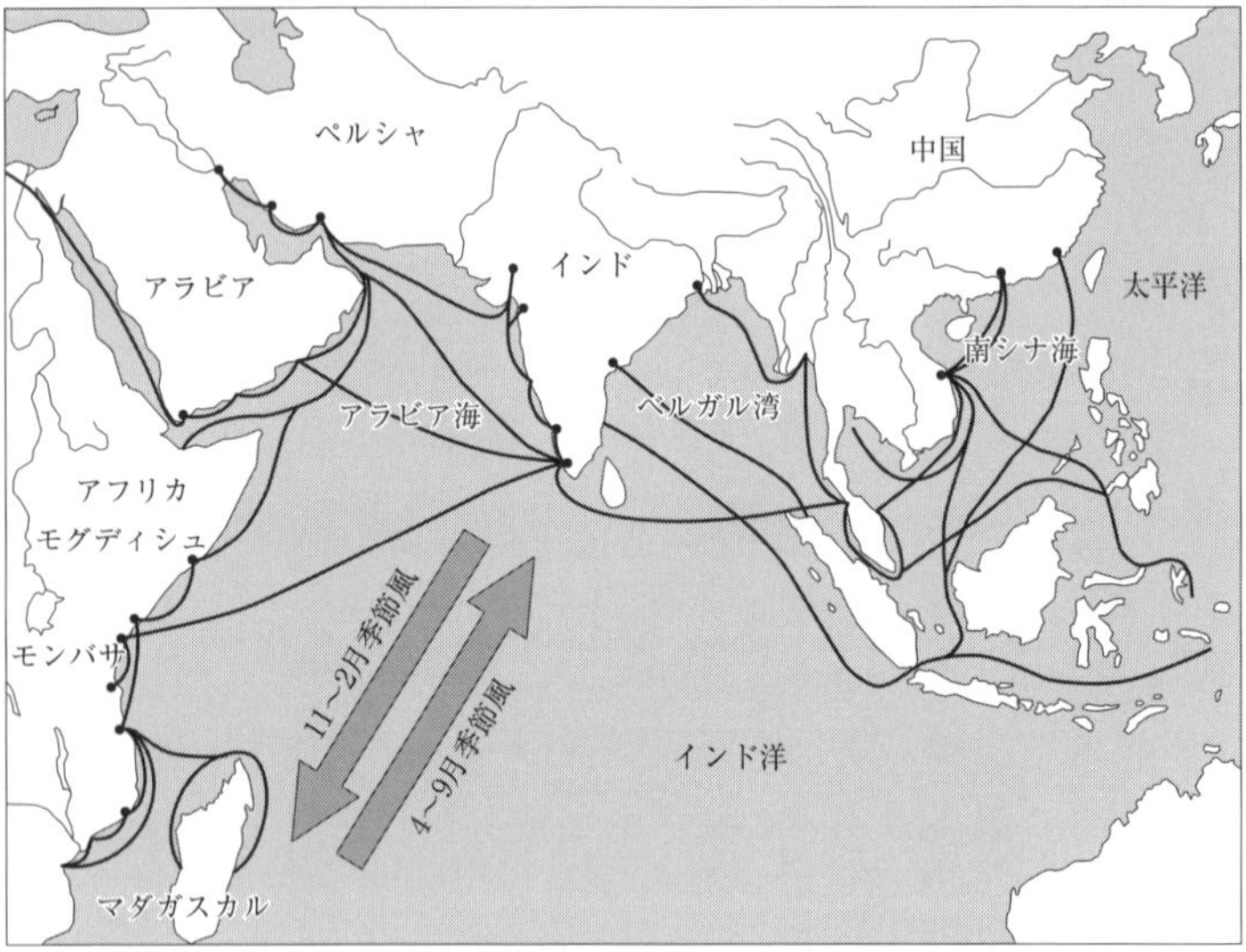

出典：https://firij.georgetown.domains/indian-ocean/trade-routes-500-1000-ad/ をもとに作成。

年におよぶダウの往来が、アジア・アフリカの諸地域と諸民族のあいだをどのように結びつけ、その結果として、いかなる役割を歴史展開のうえに果たしてきたのだろうか。ダウは現在でもインド洋周縁部に生活する人びとの足として、また商売の道具として欠くことのできない船であるが、そのことの理由は、まず、ダウがモンスーンと、海表部に発生する吹送流（モンスーン・カレント）とを最大限に利用して、遠距離間を低廉な経費で人間やものの輸送を可能にしていること、陸上の運輸が困難な沙漠、山岳、河川、島嶼、沼沢地やマングローブの密林がインド洋の周縁部に多いこと、また近代船の航行には不適当な浅瀬、岩礁、干潟、クリークや珊瑚礁があって天然の良港が少ないこと、などが考えられる。」その上で、より根本的な理由として、「ダウによる人の移動やさまざまな物産、情報・文化の交流をつねに必要とする共通性をおびた広域社会が、インド洋とその周縁・島嶼部を覆っていることを示しているのではないだろうか。」と提起している。[13]

実はインド洋を縦横無尽に往来したもうひとつの船がある。かつて東南アジアのマレー系の人々がマダガスカルまで渡って移住したのだが、それはダウ船ではなくアウトリガー船（細長い浮を船体の片側ないし両側に張り出してつけてある）に乗っての航海であった。マダガスカルは58万7千平方キロの面積があり、島というにはあまりに大きい。さらに驚くべきことに、インド洋の南西端でアフリカ大陸の目と鼻の先に位置するというのに、マダガスカルの人々は台湾やフィリピン、インドネシア、マレーシア、太平洋島嶼国と同じオーストロネシア（マレー・ポリネシア）語族に属する。マダガスカルはアフリカだというイメージを抱きがちだが、あらためてよく見ると、例えば平成17年5月に来日したマダガスカルのマーク・ラヴァルマナナ大統領ご夫妻や、令和元年年8月にTICAD7（第7回アフリカ開発会議）の機会に来日したアンジ・ニリナ・ラジョリナ大統領はアジア系の顔をしていることに気がつく。古くからのマダガスカルの伝承では、マレーから年老いた7人の女性たちがやってきて国を興したとされており、実際のところ東南アジアのボルネオやスマトラからの移民が第1千年紀の間にやってきていたと見られている。インドネシアのボロブドール遺跡のレリーフには8世紀頃のアウトリガー付きの帆船が彫られており、近年インドネシア古代船の復元とその日本などへの航海も報じられている。[14]

2　変わりゆく潮目

（1）ポルトガルの登場、そしてアジアからの退場[15]

インド洋は数千年にわたって活気に溢れた交流の場であり続けたが、15世紀末から潮目が変わり、砲艦に乗ってやってきたポルトガルに和を乱され、アフリカやアジアのコミュニティは坂道をずるずると滑り落ちるようにヨーロッパ人の手中に落ちていくこととなった。

中世のヨーロッパではイスラム帝国の向こう側にキリスト教の国があるとの伝説が広く信じられ（「プレスター・ジョンの王国」）、15世紀に入るとポルトガルはなんとかその王国に行ってイスラム帝国を南北から挟み撃ちにしようと考えるにいたった。また東洋からの香辛料貿易がイスラム商人やヴェネチア商人に握られて膨大な利益をもたらしているのを見て、その通商を奪いたいとの実利的な野心も抱いた。手始めに1415年、ジブラルタル海峡に面した北アフリカのセウタをイスラム側の油断に乗じて奪うことに成功した。ここから歴史の潮目が大きく変わっていくことになる。

その頃の地中海ではイスラム帝国とヴェネチアがにらみを利かせており、ポルトガルの船が深く入り込む余地はなかった。そのため、イスラム帝国の南側に回るためにはアフリカ西岸を南下してみるほかはなかったのだが、モロッコ南部・西サハラのボジャドール岬以南の沖合ではほぼ1年中北風が吹いており、向かい風に対する航海術を知らなかったポルトガルの船乗りたちは南の海には魔物が住んでいるといって南下しようとしなかった。しかし、やがてポルトガル人は地中海を自由に動き回るイスラム船などの三角帆を真似して向かい風にジグザグに間切ってすすむ航海術を身につけるにいたった。その上で、船に大砲を積むということを思いついた。こうして「砲艦」が誕生し、アフリカとアジアはヨーロッパ列強に蚕食されていくこととなった。ポルトガルがヨーロッパ最初の世界帝国となったのは、何百年にもわたりイスラムの版図だったイベリア半島に国が興たからである。中世のヨーロッパが貧困と非識字の中にあった頃、イスラム帝国は、貨幣経済、クレジット、医学、文化等世界の頂点に立つ繁栄を謳歌しており、その半島に生まれたポルトガルは豊かであった。

1434年に、ジル・オアネスがボジャドール岬を越えて南下した上で、ポルトガルに帰って来た。これで南の海の魔物を恐れる必要がなくなり、ポルトガルの砲艦はじわじわとアフリカ西岸を南下、ついに1488年にバルトロメウ・ディアスがアフリカの最南端、ヨーロッパ人が後に喜望峰と名付けた岬を回って、インド洋を「発見」した。その10年後、バスコ・ダ・ガマは300トンほどの小船に大砲を積み、持ち前の攻撃性をもって船を進め、何世紀にもわたって行われてきた現地の丁重な交易ルールを無視してキルワなど東アフリカ各地の港湾都市に入港料を払わないばかりか攻撃を仕掛けて食料や水を奪った。現ケニアに遺跡が残るマリンディまで北上してイブン・マジードという水先案内人を雇ってアラビア海を横断、インド洋交易のハブであった南西インドのカリカットを攻略し（1498年）、さらに北上してゴアに到達した。

ポルトガルは1511年東南アジアの交易ハブのマラッカを占領、その後丁子などを産出する香辛料群島・マルク諸島（現インドネシア東北部）に到達、ヨーロッパ向け高額商品を手に入れることとなった。この間、1509年にポルトガル艦隊はアラビア海のインド・ディーウ沖でエジプト・インドのグジャラート・トルコ・ヴェネチアの連合艦隊を破り、ポルトガルは砲艦の力でインド西海岸のゴアをアジアの拠点とした（1510年）。さらにマカオ、そして平戸にも来航し（1550年）、日本と中国からの、そして日本と中国の間の貿易でも大きな利益を得るにいたった。

スペインと世界を二分する協定を結び[17]、西は大西洋のブラジルから、アフリカ、インド洋、さらに東シナ海にいたる一大海洋帝国となったポルトガルだったが、国王マヌエル1世（在位1469〜1521年）とジョアン3世（在位1521〜57年）治世下の栄華は長くは続かなかった。ジョアン3世の孫セバスチアン1世（在位1557〜78年）が、1578年モロッコの内戦に手を出して24歳で戦死、嗣子がいなかったため枢機卿だった伯父が王位を継いだものの後継者がないまま1580年に死亡してしまった。

ヨーロッパの「国境」は何百年にもわたり民族の境界ではなく王の支配する版図の境界であり、また王女は他国の王や王子と婚姻するのが通例であった（その結果、例えば現在のヨーロッパの王族のほとんどはイギリスのヴィクトリア女王の血を引いている）。ポルトガル王家とスペイン王家もその例にもれず、マヌエル1世は娘をハプスブルグ家のスペイン王カルロス1世（＝神聖ローマ皇帝としてはカール5世）に嫁がせた。このため、ポルトガルの王家が断絶したとき、カルロス1世の嗣子のスペイン王フェリペ2世は、自分がポルトガル王故ジョアン3世の甥であることを根拠にポルトガル王位継承を主張し、当時のポルトガル貴族や商人たちの国内事情と利害もうまく作用して、1580年、ハプスブルグ王家は同君連合という形でポルトガルを併合した。ポルトガルの自治や独自の海外貿易の続行などは認められたが、この併合によって海外のポルトガル領はスペイン領となったためスペインは陽が沈まない帝国となった。ポルトガルは60年後の1640年に独立を回復したが、往年の力は見る影もなかった。特にインド洋では新興勢力オランダが今日のインドネシアやスリランカなど重要拠点を併合時代に奪っており、ポルトガルは、ブラジル、大西洋のカーポ・ヴェルデなどの島嶼、アフリカ南部大西洋岸のルアンダ（今日のアンゴラ）およびインド洋岸のモザンビークを維持したものの、アジアでは東チモール、インドのゴア、中国のマカオなどを残すのみとなった。

(2) オランダ海洋帝国の盛衰

16世紀のヨーロッパは新興国の台頭の世紀であった。ハプスブルグ家の支配下にあったネーデルランド地方は、元来フランス・ブルゴーニュ公の領地で毛織物などの産業と交易で栄えていたが、1477年に最後の公女マリーがハプスブルグ家の神聖ローマ皇帝マキシミリアン1世と婚姻して、ハプスブルグ領となった。その嗣子カール5世はスペインからオーストリアにいたる広大な帝国を統治し（神聖ローマ帝国皇帝カール5世としての在位1519～56年、スペイン国王カルロス1世としての在位1516～56年）、死にあたりスペインとネーデルランド（おおむね今日のオランダ、ベルギー、ルクセンブルグ）を嗣子フェリペ2世に与え、オーストリアを弟に与えた。しかし、その後宗教改革への対応をめぐり、プロテスタント諸国と交易関係にあったため融和的にならざるをえないネーデルランドの貴族たちは、あくまでカトリックとして宗教改革に厳しい姿勢をとり続けるスペイン国王と利害が対立し、1568年から武力反乱をおこし、オランダ独立の「80年戦争」が始まった。ネーデルランド側は国王に対して「国王廃位布告」（1581年）を宣言、1648年にいたってスペインとの和平条約（ミュンスター条約）で戦争状態が終結し、また同条約がウェストファリア条約（１６４８年、「30年戦争」を終結）によってヨーロッパ列強から認められ、法的にも独立が承認された。

その間、オランダは事実上の独立国として打倒スペインを胸に秘め海に出ていった。ニュー・アムステルダム（今日のニュー・ヨーク）から南米ギアナ（現スリナム）、南太平洋のニュー・ジーランド（オランダの州名ゼーラントの英語読み）、東シナ海の日本にいたる広範囲で活動し、海外貿易で栄えること、そして海洋でスペイン船を襲い、またスペイン領を攻撃することに全力を挙げた。世界最初の株式会社、オランダ東インド会社を１６０２年に設立し、民間企業でありながら、共和国政府からアジア貿易の独占、宣戦、講和、条約締結などの権限を与えられた。[18] その頃すでに（１５９９年）オランダ船はポルトガルが抑えていたマルク諸島のテルテナ（丁子・クローブの最大の生産島）に到達しており、さらに１６０５年にはアンボンを占領してポルトガル（同君連合のスペイン）を追い出した。爾来、香料産地は東インド会社の思うがままに搾取されていくこととなった。会社はそれぞれの島の島民が栽培すべき香料を定め、その生産量も厳しく管理した。一説では、地元民が東インド会社以外に香料を売ろうとしたバンダ諸島では、罰として島民1万5千人を殺害し、生き残ったのは数百名であったされる。[19] 勢いに乗るオランダは、インド洋の枢要な拠点をポルトガル（スペイン）から奪っていった。１６４１年には、南シナ海、東シナ海とインド洋の交易のハブであったマラッカ（ポルトガルが１５１１年から支配）を奪い、１６５６年には、インド洋を東西に航海するための中継ぎ港コロンボ（ポルトガルが１５１７年から支配）を奪った。オランダは、南アフリカのケープ植民地、インド沿岸、セイロン（現スリランカ）、今日のインドネシア、台湾も抑えた。[20]

しかし、この新興海洋帝国オランダは、黄金時代と謳われた17世紀においてすら海にあっては英蘭戦争に悩まされ、また陸にあってはフランスの太陽王ルイ14世からの攻撃を耐えねばならず、少しずつ体力を消耗していった。ついに18世紀末になるとフランス革命のあおりを受けて革命が起き（1795年）、あげくのはてにナポレオンに併合され、その間にイギリスにケープ植民地など重要な海外植民地を奪われてしまった。ナポレオン敗北後、イギリスはケープ植民地およびセイロン（現スリランカ）を自国のものとする一方で1811年から占領して統治していたジャワはオランダに返還した（1816年）。その5年の間ジャワを統治していたラッフルズ（第6章参照）は1819年シンガポールに商館を作り、その後1824年にイギリスとオランダは条約を締結してスマトラをオランダの、マレー半島をイギリスの勢力範囲とすることを決めた。[21]

（3）最後の覇者イギリス

イギリスがインドのボンベイ（現ムンバイ）を手に入れたのは国王の婚姻による。ボンベイは東にボンベイ湾、西に美しいアラビア海を臨み、港にはあたかもイギリスのインド支配とイギリス帝国最大の富の源泉を象徴するかのごとく高さ26メートルの「インド門（Gate of India）」が威容を誇っている。1911年のイギリス国王ジョージ5世のインド来訪（滞在中デリーでインド皇帝として即位）を記念すべく構想され、1924年に完成した。その250年前、清教徒革命後の王政復古（1660年）で即位したイギリス王チャールズ2世は1661年ポルトガルのカタリナ・デ・ブラガンサ王女と結婚、その際王女が巨額の持参金とともにモロッコのタンジール、そしてインドのボンベイをイギリス王家にもたらした。カテリーナ姫の持参金でイギリス王家はそれまでの借財を返済したとされ、姫がもたらしたアジアからの紅茶のたしなみを学んだ。当時、イギリスはインドに商館を有してはいたものの、このボンベイという持参金こそはインドへの本格的な野心を抱かせるものとなった。この結婚なかりせば、インド史、アジア史、そして世界史はどのような別の道を進んだのだろうか。

日本では関ヶ原の戦いがあった1600年、イギリスでは「東インド通商ロンドン商人組合」(イギリス東インド会社) が設立され、エリザベス1世から東洋貿易の独占権を与えられた[22]。しかし、イギリスがインド洋にやってきた頃にはオランダ海洋帝国がインドネシアからマレーの東南アジアを抑えていたし、そもそも、17世紀のヨーロッパはフランス国王ルイ13世の宰相リシュリュー、そして太陽王ルイ14世(在位1643〜1715年) 全盛の時代で、「フランスの世紀」の観を呈しており、イギリスの時代はまだ始まっていなかった。

ただ、実態をよく見れば、戦争ばかりに明け暮れたわりにはルイ14世が結果を残した具体的成果は少ない。絢爛豪華な (ただしトイレがない) ヴェルサイユ宮殿、アルザス地方の領有、および、直系の後継者が絶えたハプスブルグ・スペイン王の遺言通りその跡継ぎにハプスブルグとブルボン両家の血を引くルイ14世の孫フィリップを立てることを確保した (1701〜13年のスペイン王位継承戦争の和平のユトレヒト条約) だけといっても過言ではない[23]。しかも、そのユトレヒト条約によるスペイン王位継承 (その結果スペイン王家は今日でもブルボン姓ではあるが) には大きな代償を払い、ヨーロッパでの戦争と並行して行われた植民地での戦争 (「アン女王戦争」) の舞台となった北アメリカでは、カナダ東部のノヴァスコシア、ニューファンドランド、ニューブランスウィックおよび北部のハドソン湾地方をイギリスに差し出すなどしてようやくイギリスにブルボン家の王位継承を認めてもらったものであった。これこそはイギリスが広大な大帝国へとのし上がっていく第一歩を確保した瞬間であり、そのとき時代の針がガッタンと音を立てて動いた。フランスはイギリスに大きく水をあけられ始め、「イギリスの世紀」の幕が開いていくことになった。

18世紀半ばになると、イギリスは、北米植民地における「フレンチ・インディアン戦争（1754～63年）」、それにほぼ並行してヨーロッパで起きた「七年戦争（1756～63年）」、さらにインドに戦争が飛び火して1757年カルカッタ北方の「プラッシーの戦い」でフランスを圧倒した。インドでは、イギリス勝利の地カルカッタが東インド会社の拠点となり、その後1833年に東インド会社のインドにおける独占権が廃止されてからは、インドはイギリス総督の下におかれた[24]。大英帝国は7つの海を支配下に置き、中でも富の源泉インド洋の帝国として栄華を誇った。

そのイギリスも、今日ではアメリカに世界のリーダーの地位を奪われたかの観がある。ただ、忘れてはならないのは、大英帝国の名残とも言うべき英連邦は健在であり、インド洋では、東から逆時計回りにオーストラリア、シンガポール、マレーシア、スリランカ、バングラデシュ、インド、パキスタン、ケニア、タンザニア、モザンビーク、南アフリカ、そして島嶼国のモルディブ、セーシェル、モーリシャス、すなわちインド洋の東岸、北岸、西岸、海に浮かぶ諸島のほとんどの国が英連邦の加盟国である。さらに地図をよく見れば、英連邦加盟国ではないが元イギリス植民地のミャンマー、オマーン、イエメン、ソマリアも沿岸を囲んでいることがわかる。言うまでもなく彼らは英語を話し、上層部はイギリスに学び、あえて言えば、インド洋を今なおイギリスの「内海」と呼んでもあながち誇張ではない。インド洋の沿岸国でイギリス領でなかったのはオランダ領だったインドネシア、フランス領だったマダガスカルとコモロ、および独立をかろうじて保っていたイランだけである。

(4) 邯鄲の夢

そのイギリスと日本。倒幕側諸藩を強力に支援したイギリスと明治時代の日本は深く結びつき、東京には赤レンガの一丁倫敦がつくられ、また大英帝国支配下のインド洋は日本の近代化の通い路となった。「洋行帰り」の留学生、日本の産業革命を担った繊維産業のための綿花の輸入港——インド綿のボンベイ（現ムンバイ）、エジプト綿のアレキサンドリア、ウガンダ綿のモンバサ（現ケニア）——には日本郵船株式会社が定期航路を開き、また日本からの繊維や雑貨の輸出品が西に向かい、そして大陸雄飛を夢見た人たちはアジアを越えてアフリカにも渡っていった。

インド洋は明治以来の日本の戦争にも深い関わりがあった。世界を半周して日本に攻め込もうとしたロシアのバルチック艦隊は長旅の途中、戦艦の整備を友好国フランスの植民地マダガスカル北部のノシ・ベ島の港で行ったが、その時フランス軍港の町ディエゴ・スアレスには成功した日本人が住んでいた。目抜きのコルベール通りに現地で一、二を競うホテル・レストラン“Hôtel du Japon”を開いていた赤崎傳三郎夫妻である。[25] 1904年12月末バルチック艦隊がマダガスカル沖に到着、年が明けた1月9日にノシ・ベ島の港に入ったことをつかんだ赤崎氏は、決死の情報収集をしてボンベイの日本領事館に電報を打ち、これが艦隊の日本近海到着時期の見通しを日本海軍に与えたのである。後日、海軍は同氏に感謝状を贈った。
その10年後の第1次世界大戦中、日本はイギリス政府の要請を受けて、まず、太平洋で活動するドイツ海軍艦船の掃討作戦を行い、ついでオーストラリアとニュー・ジーランドの水兵をヨーロッパ戦線に送る船舶の護衛を担い、さらには地中海における商船や軍艦の護衛の任務をイギリス、フランス、イタリア海軍とともに遂行した（第二特務艦隊）。艦隊の活動基地はマルタ島のイギリス海軍基地内におかれ、イギリス海軍との連絡将校（坂野常善海軍少佐（のち中将））が常駐し、一年半の任務中に第二特務艦隊が護送した連合国の船舶は788隻、その人員は75万人、そしてドイツ潜水艦と36回交戦した。この任務中の大正6年6月11日、駆逐艦「榊」がドイツ潜水艦の魚雷攻撃を受け59名が戦死、重傷者9名、軽傷者7名の犠牲を出し、翌大正7年に地中海における戦病死者78名の墓と慰霊碑がマルタ島のバレッタに建立された。[26]
第2次世界大戦では、イギリスと敵味方となった。マダガスカルのディエゴ・スアレス軍港はフランスの対独協力ペタン政権の下に入ったため、イギリス軍が攻撃して奪いイギリス海軍基地となっていた。1942年5月30日、日本海軍の特殊潜航艇2艇がディエゴ・スアレス湾に侵攻してイギリス海軍軍艦1隻を大破し、油槽艦1隻を撃沈したが、母艦に帰る帰路複雑に入り込む地形の湾で座礁してしまい、上陸した4名の乗員が戦死、戦後30年を経てその慰霊塔が建立された。
世界に伍した帝国を目指した明治国家。邯鄲の夢ともいうべきか。

3　運河で紡ぐ平和

（1）戦争の極秘目標・恒久和平

ヨーロッパのつけを払い続けるパレスチナ

インド洋世界の向こうに連なる地中海世界、その2つの海の結節点に現代史の避けて通れない矛盾の地が横たわっている。突然ヨーロッパからやって来たユダヤ系ポーランド人とロシア人に土地を奪われたパレスチナの人々、どうしてよいかわからないままに右往左往する人々を前に、見ざる・聞かざる・言わざる、を決め込む欧米の人々。多くのアラブ諸国指導者のパレスチナ解放という「建前」と自国における自分の権力保持という「本音」。打倒イスラエルというアラブ諸国民の感情。遠くから煽るシーア派のイラン。イスラエルを打ち破れるほどではないが反米になるのを防止する程度には武器をアラブ側に与え、他方イスラエルにはしっかりした戦力を与えるアメリカという現実。パレスチナ人が置かれている窮状を見て見ぬふりのヨーロッパの政治家。ユダヤ系アメリカ人という選挙の大資金源と大票田に盲従するアメリカの政治家。

もとよりこのような単純化は事態のすべてを正確に表してはいないし、そのような単純な図式で中東問題を見ても解決にはつながらない。しかし、ひとつの思考の種（food for thought）としてあえてここに記したのは、これが中東とヨーロッパと北米に長く住み、ユダヤ人の友人もパレスチナ人の友人も持つ筆者の個人としての実感であること、そしてまた内輪の場でヨーロッパの外交官たちがぼそぼそと筆者に語ったことでもあるからである。第2章で言及したように、ヒトラーに協力してユダヤ人虐殺に手を染めたヨーロッパ人は数多くいた。その後ろめたさから、筆者の世代が鬼籍に入るまではヨーロッパの対イスラエル政策が変わることはないだろうとヨーロッパのある大国の大使は内輪の席で語った。そう言われてみれば、割られたショーウィンドウや窓ガラスが飛び散って水晶のように輝いた「水晶の夜」、1938年11月9日の夜から翌日未明にかけてドイツ各地でユダヤ人を襲ったのはナチスに扇動されたとは言え一般のドイツ市民でもあった。フランスでは1940年法律によってユダヤ系フランス人に警察への出頭命令を出し、外出時にはユダヤ人であることを示す名札着用を義務付け、自宅や企業にはユダヤ人であるとの表札を掲げさせ、やがて集めたり逮捕したりしたユダヤ人をガス室行の貨車に押し込んだ。1995年、シラク大統領は、ユダヤ人の一斉検挙とアウシュヴィッツ送致はフランス人とフランス国家によってなされたとフランスの大統領としてはじめて演説した[27]。オランダでは潜んでいたアンネ・フランク一家が密告されてアウシュビッツに送られた。ポーランドでは「ユダヤ人狩り」にポーランド人が協力したことは今ではタブーとされている。アメリカとカナダは逃げてきたユダヤ人のチャーター船を追い返した。なればこそ戦争が終わった途端にすべてをナチス・ドイツおよび対ドイツ協力者のせいにして口を拭い、さらに「約束の地」をユダヤ人に与えてイスラエルを建国させたことで良心の呵責を洗い流した。ルーズベルトは1945年2月スエズ運河のビターレイクに浮かべた軍艦上でイブン・サウドなど近隣の国王にイスラエル建国を申し渡し、トルーマンは真っ先にイスラエルを承認し、1945年に生まれた国際連合は、決議をもってパレスチナの土地を「分割」することに「国際正義」を与えた。

そして誰もその土地に代々住んでいた人のことは考えなかった。1948年のある日、眼の前に見たことのない国の兵隊が現れたのである。その土地から追い払われた75万人の農民たちに国際社会をどのように味方にすればよいのかなどという戦略が思いつくはずもなく、そもそも国際正義というものは海の向こうの知らない人たちが書く「一流紙」の論調や立派な国際会議場での「雄弁な」演説で決められるということを知るよしもなかった。逃げ惑い、水もあるかないかの難民キャンプに棲みつく中で抵抗運動が生まれ、その中には過激なグループも現れた。最も過激な活動をしたのはPFLPパレスチナ解放人民戦線[28]というキリスト教徒のグループであり、日本航空のジャンボジェット機をハイジャックして爆破するなどした。しかし、テロでは国際社会の同情も賛同も集めることはできない。過激な事件がくりかえし起きるにつれて次第にパレスチナすなわちテロというレッテル貼りもおこなわれるようになっていった。皆に忘れられ、ヨーロッパ人によるユダヤ人虐殺の付けを払わされ続けていることを嘆きそして怒るパレスチナの人々は、一部同胞の暴力という戦略ミスによっていつの間にか国際場裏では加害者という位置づけにすり替えられてしまった。

倒れ逝くエジプトの若者

そうした中、1948年、1956年、1967年、累次の戦争の最前線に立ったのはエジプトであり、多くの若者が戦場に散った。1967年の「六日戦争」で完敗したナセル大統領は面目丸つぶれとなり、せっかくイギリスとフランスから取り返した虎の子のスエズ運河を閉鎖に追い込まれ、大統領辞任を表明したが、仕込まれた芝居であったか否かは別として国民の懇請により留任した。エジプト、シリアなどのアラブ側とイスラエルは1970年まで断続的に主に運河地帯や沿岸で空爆や海戦などを続けた。ナセルは訪ソしてソ連の軍事顧問団のエジプト派遣を取りつけるなどしてみたが、攻撃はだらだらと続き、1970年9月心臓発作で急逝した。

跡を継いだ副大統領のアンワール・サダトは実直な人物であった。そして、極秘のプランをその胸の奥底に抱いた。このままではパレスチナはおろか、エジプトも国力を戦費に吸い取られて国庫が空のままで発展しないばかりか、なによりも若者が戦地で死に続ける。何とか事態を変えなければならないが、1回もイスラエルに勝利することなしには何事も前に進まない。まずは少しずつ物事を整理した。シリアが1961年に連合を解消した後もアラブ連合共和国と名乗っていた国名を1971年にエジプト・アラブ共和国とし、ナセルが招いたソ連の軍事顧問団には帰国してもらってエジプトの立ち位置を親米路線に切り替え、また何よりもエジプト軍の立て直しに取り組んだ。そして、あけても暮れても軍事訓練を行った。特にスエズ運河を渡河してシナイ半島のイスラエル占領軍に襲いかかる方法を西部砂漠でひそかに実験していたのである。具体的に最も重要なことは、イスラエル軍が砂で築いた運河東岸沿いの長さ160キロに及ぶ万里の長城を突き崩すにはどうしたらよいかとの秘密実験であった。爆破などさまざまな方法を確かめるがなかなか高い砂壁を突き崩すことができず、失敗を繰り返した挙句ついに見つけた最も効率の良い方法は、水鉄砲ともたとうべきウォーター・キャノンで砂の壁に勢いよくいっせいに放水することであった。

スエズ運河沿いに築いた砂の長城の内側に何か所も堅牢な要塞を築いていたイスラエル軍は偵察飛行を日常的に行っていたが、サダトが行動の年と言っていた1971年は何事もなく過ぎていき、その翌年も何も起こらず、「毎日の訓練ご苦労さん」、といった感じで空から眺め、イスラエル軍に勝ったためしがないアラブ軍を心理的にも見下していた。実はそれこそがサダトの戦略であった。

1973年10月6日、ユダヤ教のヨム・キプールの祭日、その日のエジプト軍の動きは訓練ではなかった。エジプト軍はスエズ運河西岸に並べた長距離砲から東岸のイスラエル軍基地めがけて一斉砲撃、ゴムボートで一斉に渡河して梯子で上陸した歩兵たちはウォーター・キャノンで砂壁を突き崩し、橋頭保を築いてエジプト軍戦車がシナイ半島側になだれ込んだ。空軍の攻撃も加わり、すっかり油断していて不意を衝かれたイスラエル軍は戦車部隊も要塞も打ち破られ前線では次々と部隊が投降していった。1967年の「六日戦争」の英雄ダヤン国防相は油断を率直に認めつつ祖国存亡の危機に陥ったとパニックになり、ロシア人女性のゴルダ・メイヤ首相は必死にアメリカに助けを求めた。

アメリカも当初はまさか存亡の危機とは大げさなと見ていたが、エジプト軍の快進撃が続くのを見て10月12日から8億2500万ドル相当の最新鋭兵器を在欧米軍の緊急備蓄から続々とイスラエル軍に空輸、10月14日を境に戦況は逆転、10月15日から18日、イスラエル軍は中央突破を図りグレートビターレイク北端からスエズ運河の西岸に突入し、イスマイリアとスエズに迫った。10月22日、国連安保理で停戦が決議されたがイスラエルは無視、24日にはスエズ市への突入を図ったが守備隊の抵抗にあって失敗、28日に再度攻撃を仕掛けたがやはり突入できなかった。[29]

この間、国連は連日安保理を開催、アラブ諸国とイスラエルの非難の応酬となったが、10月16日のイスラエル軍のスエズ運河西岸への渡河成功を受けて米ソは即時停戦に合意、22日開催された安保理で当事国への即時停戦と和平交渉開催を呼びかける決議を採択、さらに「10月25日決議340および10月27日341を採択して、とりあえず6カ月間中東国連緊急軍（United Nations Emergency Force）の設立を決定した（活動期間の延長可能）。この緊急軍は総兵力約7千名で、安保理常任理事国を除く13カ国で構成されることとなった。[30]」

他方、アメリカの武器空輸を知ったアラブ側は、10月16日、世界を震撼させる作戦に移った。サウジアラビア、クウェイト、アラブ首長国連邦を中心に石油輸出国機構（ＯＰＥＣ）は石油価格を一方的に引き上げ、ついで翌17日、石油産出量を5％削減するとともに、イスラエル側に立ったアメリカ、オランダ、ローデシア、南アフリカおよびポルトガル向けに石油を禁輸、さらに石油産出削減幅を漸増させていくと発表した。世界経済は混乱に陥り、日本では石油が一滴も入らなくなると根拠のないパニックが起き、主婦たちがスーパーに押しかけトイレットペーパー争奪戦を演じた。

サダト大統領が心に秘めていた一発勝利してから和平の道を進めるとの極秘の戦争目標は、アメリカの対イスラエル武器空輸で頓挫してしまいかねなかったが、すんでのところで停戦が成立して踏みとどまった。そのため、たしかにイスラエルのユダヤ系ロシア人首相のゴルダ・メイヤは自伝において次のように書いてはいるが、サダトは国内では「勝利」を喧伝することができた。

「イスラエルは最大の危機に直面した。直ちに明確にしておきたいことが2点ある。第一に、我々はヨム・キプール戦争に勝利したということだ。シリアとエジプト両国の政治および軍事指導者は、緒戦の獲得（gains）にかかわらずまたもや彼らが打ち負かされたことを深い心の奥底では知っていると自分は確信している。もう一つは、世界、なかんずくイスラエルの敵は、ヨム・キプール戦争で殺された２５００人のイスラエル人の命を奪った状況は決して2度と起きることはないと知らなければならない、ということだ。[31]」

ゴルダ・メイヤはそう書いたが、しかし初めてエジプトと向き合ってシナイ半島返還などを交渉せざるをえなくなった。また、サダトはこの「勝利」を国内の説得材料にしてイスラエルとの和平路線を具体化しようとし、1977年にイスラエル訪問を考えた。これに対してイスマイル・ファハミ外相は反対して辞任したが、そのとき、サダトがファハミ外相に言ったのは、「国庫を見てみろ、一銭も残っていないぞ」。これは当時の副首相から後年筆者が直接聞いた話である。

1977年11月20日、サダト大統領はイスラエル議会で演説を行い、パレスチナ人のホームランドを認めよといいつつイスラエルにアラブ地域の中で生きて良いとの和平の手を差し伸べた。1978年9月、アメリカのカーター大統領はサダトとイスラエルのベギン首相を招いて「キャンプ・デービッド合意」を成立させ、翌1979年3月には、エジプトとイスラエルは和平条約を締結した。

サダトは裏切り者としてアラブ諸国から糾弾され、エジプトはアラブ連盟から追放された。当時、厳しくサダトを糾弾したサウジアラビア国王の批判に対して、サダトはこう言って黙らせた。「1948年の戦争、1956年の戦争、1967年の戦争、1973年の戦争、いずれの戦争においても第一線に立ち、戦場で戦い、そして斃れていったのはエジプトの息子たちである。血の一滴は油の一滴よりも重い。」

アラブ世界に猛烈な反発を惹き起こしたとはいえ、中東では、「エジプトなくして戦争なし、シリアなくして平和なし」との現実がある。こうして、ゆっくりとではあるが物事が動いていくかと思われた。ところが、1981年10月6日、10月戦争勝利記念の年次軍事パレードを閲兵していたとき、パレードに参加していた「イスラム・ジハード団」に秘密裏に属する兵士たちによって狙い撃ちされ、サダト大統領は殺されてしまった。

1993年にはイスラエルとパレスチナ解放機構（PLO）アラファト議長との間でオスロ合意が成立したが、今度はそのイスラエル側の立役者イツハク・ラビン首相が右派のイスラエル人によって1995年11月4日殺されてしまった。その後、イスラエルは右傾化の一途をたどり、ヨルダン川西岸に住むパレスチナ人は自分の村にどんどん建設されるイスラエル人の団地に押され、自分の村から隣の村に行くにもイスラエル兵に何度も検問されて小突きまわされるという現実を生きている。報道ではこうした団地を「セツルメント」ないし「入植地」とさらっと書いてあるが、現地に行くと城壁のような高い塀に囲まれ、カフカの城のようにそびえている「入植地」を目の当たりにして言葉を失う。

(2) 平和のためのスエズ

船舶の大型化とスエズ運河

サダト大統領の1973年10月戦争「勝利」の後、1975年にスエズ運河は再開した。まだ破壊されたままの建物が多く、イスマイリアでもスエズ運河庁の白い建物がぽつんと佇んでいたが、運河は砂漠の中に青い筋をしっかりと引いていた。爾来スエズ運河庁は運営、管理、拡張に力を注ぎ、2019年にスエズ運河は開通150周年を迎えた。その記念式典で「スエズ運河庁のオサマ・ラビア長官は、1869年の開通からこれまで130万隻（総重量286億トン）が通過し、1359億ドルの収益を上げたと述べた。2018／19年度（2018年7月～2019年6月）は1万9000隻（12億トン）が通過し」[32]、2019年の通過貨物量は10億3119万トン、重量ベースではコンテナが5割近くを占め、原油関連も多い[33]。日本とヨーロッパを結ぶ運河を日本船主協会所属の船は年間延べ1200隻ほどが通過している[34]。2021年3月、日本の大型コンテナ船が座礁事故を起こして運河が閉鎖され世界の物流に大きな悪影響を及ぼしたが、その船は全長400メートル、幅59メートル、総トン数約22万トンという世界最大級の船舶である。[35] 150年前の運河開通当時には5千トンの船舶が通行できれば十分需要にこたえられた運河だったことを思うと、船舶の大きさも、スエズ運河の大きさも隔世の感がある。振り返ってみれば、第2次世界大戦後、船舶は急速に大型化していった。その中で日本は1956年から船舶の竣工実績で世界一となり、[36] 造船業が奇跡の経済成長に大きく貢献していた。1962年には出光興産の「日章丸三世」という13万9千トンの世界最大級の船舶を日本が建造し、さらに1966年には世界初の20万トンを超えるタンカーの「出光丸」が建造された。[37]

1956年のスエズ運河の国有化は船舶の大型化が急速に進もうとしていた時期と重なった。運河は開通以来幾度か拡張はされたものの当時の水深は標準で14メートル、幅は60メートル（水深約10メートルで）であり、大型タンカーなどには対応できなくなっていた。[38] こうしたことから、ナセル大統領はスエズ運河が生き延びるための拡張工事を決断したのである（第2章参照）。

これが日本とスエズ運河との長い、まことに長い物語の始まりになった。

スエズ運河と日本　NHKプロジェクトXはこう語った。

「1958（昭和33）年のある日、哲太郎（筆者注：水野組社長・水野哲太郎氏、現在の五洋建設株式会社）は突然、外務省に呼ばれた。思いがけない依頼を持ちかけられた。『エジプトのスエズ運河を大規模に拡張する計画がある。エジプト（当時・アラブ連合）政府が、その国際入札に日本からも参加してほしいと言っている。検討してもらえないか』（中略）エジプトは、運河の拡張を国家プロジェクトと位置づけ、『ナセル計画』と呼んでいた。[39]」

五洋建設はホームページでその事情を次のように説明している。

「1958年に日本政府から浚渫業界に、エジプト政府がスエズ運河の改修計画を立案しているので調査団を派遣するようにとの要請があった。この要請は、当時の高崎達之助通産大臣を団長とする一行がアスワン・ハイ・ダム調査のため、エジプトを訪問したことに始まる。そのおりにエジプト側から、スエズ運河改修の国際入札に日本から参加してもらいたいという要望があった。政府の要請はこれを受けたものであった。五洋建設では他社との合同によるスエズ運河改修計画調査団にメンバーを派遣するとともに、エジプトとアラブ連合共和国に関する資料の調査を始めた。（中略）1960年を初年度とする工期10か年に及ぶ大規模な運河改修計画であった。この計画は運河全線162㎞の複線化と、最大級のタンカーが通行できるように水深を深くしようというものであった。これまでの水深は約10mであったが、これを11・5mか13・2m、やがては約14・5mまで深めるという壮大な計画で、掘削に要する資金は世界銀行から融資を受けるということであった。[40]」

1960年にはスエズ運河庁のマハムード・ユニス長官（任期1957〜65年）が来日し、面会した水野哲太郎社長に次のように語った。

「日本は戦争に負けたにもかかわらず、これだけの復興を遂げました。その技術力は驚くべきものです。私たちの国を新たに立ち上げるには、スエズ運河しかありません。協力してください。[41]」

当時の日本の経済力を思えば、これは大変重い話であった。1956年（昭和31年）版の経済白書が1955年（昭和30年）の日本経済を評して「もはや戦後ではない」と発表してから2年以上が過ぎたとは言え、官民ともにその経済的実力はまだまだ敗戦からの復興途上にあった。政府による経済協力ですら、1955年10月にコロンボ計画への参加を決定して翌56年から東南アジアの研修生を受け入れるという技術協力を始めたばかりであり、例えば1958年（昭和33年）の中近東向けの経済技術協力について外交青書（1959年・昭和34年版）[42]は3000万ドルを限度とするプラントの延払輸出を記すばかりであった。なんとか延払枠を組んで日本のプラント輸出をしようというのが精いっぱいであった様子がうかがえる。そのように日本の官民ともに経済力がまだ脆弱だった60年前、スエズ運河庁による国際入札が開始された。第1回国際入札には準備期間の都合で日本企業は応札しなかったが、1961年6月5日に第2回国際入札が予定されていた。

世銀の融資という資金があるとはいえ、世界各地で浚渫の経験が豊富な欧米企業と競って入札を勝ち取り、その上でまだ誰も行ったことがない海外での超大型工事を成功させることの難しさを、日本政府とて当然認識していたであろうし[43]、また民間企業側にしてみれば、両国政府からの依頼を受けたとは言え、失敗すれば会社がつぶれてしまうほどの案件であることを十分認識していたであろう。しかし、水野組（現五洋建設）の水野哲太郎社長は一大決断を下した。あまりに大きなリスクがありうるがゆえに慎重な役員たちを前にして、応札しよう、そして勝ちに行こう、失敗したらまたゼロから再出発しよう、そう決断したのであった。決断後の行動はすばやく、欧米企業に競り勝つために見積書を厳しく詰めるとともに、浚渫用の大型ポンプ船を石川島播磨重工業に発注した。10億円は下らない建造費、億単位の現地への曳航費用がかかることを十分認識した上で背水の陣を敷いたのである。

浚渫船の進水式に小坂善太郎外務大臣および小暮武太夫運輸大臣の各代理が出席したこと[44]は、政府の期待の表れを示していた。現に、当時の一連の外交青書には「本邦民間企業の資本技術両面の協力援助により具体化したこと」への言及が繰り返されている[45]。

こうして、「一九六一（昭和三六）年一月、国産最大・五〇〇〇馬力、長さ五九メートルの大型ポンプ船が完成。『スエズ』号と名づけられた。三月、スエズ号は貨物船『きく丸』に曳航され（注・ポンプ船は自力では航行できない）、エジプトに向けて出発。二か月後、スエズ運河の地中海側の起点、ポート・サイドに到着した。[46]」

国際入札日より前に現地に浚渫船を曳航し、真剣勝負に打って出た水野社長は見事落札に成功、1961年8月8日、工事の調印式が行われ、紅海側の町スエズからグレートビターレイクまでの20キロの工区での1963年2月までの工期の浚渫が決まった。ところが、日の丸を掲げた現場でスエズ運河拡張工事が始まると、極めて硬い岩盤が現れて浚渫船のカッターの刃が立たずこぼれてしまうという難題が現れ、工事は難航した。しかし、刃がこぼれるたびに交換し、現場に派遣されている技師たちと広島本社の技師たちの艱難辛苦によって度重なる改良を加えた。コツコツと働く日本人技師たちとエジプト人たちがチームとなり、力を合わせていった真摯な仕事ぶりを見て、スエズ運河庁はじめエジプト関係者は深い信頼を寄せることとなり、第2期工事（1964年5月～65年11月）、第3期工事（1965年12月～1967年4月）も水野組に発注、工事が進められていった。

第3期工事を終えたのち、浚渫船「スエズ」は地中海側のポート・サイドのドックで整備に入り、次の第4期工事の国際入札が1967年6月5日にスエズ運河の中間の町イスマイリアにあるスエズ運河庁で行われることとなった。入札には水野哲太郎社長が赴き、陸路カイロからイスマイリアに向かったが、その20キロほど手前で突然の爆音、そして空中戦を目の当たりにすることとなった。イスラエル軍の奇襲攻撃だった。出会った現地の人々が退避を促す中、「行っても爆弾、戻っても爆弾だ。行きましょう」と運河庁に向かい、防空壕から出てきたマシュフール長官（任期1965〜83年）は水野社長の勇気と約束を守るために危険を顧みない姿勢に大変感動し、入札書類を受け取った。[47]

エジプトは奇襲攻撃を受けてわずか6日で完敗、シナイ半島を失い、スエズ運河も閉鎖された。雌伏すること6年余り、1973年の10月戦争でシナイ半島を取り返したエジプトからマシュフール長官は水野社長に電話をかけ、あのときの入札は生きていると述べた上で第4期工事の施工を依頼した。翌1974年に締結された契約は、航路の幅を89メートルから160メートルに拡げ、水深を14・5メートルから19・5メートルへ深くし、それまでは6万トンの船舶までしか通行できなかったものを15万トンの船舶まで通行可能にしようとするものであった。この大工事を日本の浚渫業界全体の活性化に活かすべく、日本埋立浚渫協会所属の同業他社にも参加を呼びかけ、水野組あらため五洋建設、三井不動産建設、若築建設が総勢12隻のポンプ船を投入、1975年6月のスエズ運河再開後、日本人700人、エジプト人2000人が拡張工事に取り組んでいった。日本企業が請け負ったのは全長95キロ、全外注分の約7割に上り、日本政府も有償資金協力で、浚渫船の購入（120億円）を支援したほか、本計画へ2・6億ドル（610億円）の資金供与を行った。[48]

現場では硬い岩盤、それに加えて1967年以来の戦争の不発弾が待ち構えていた。不発弾は、運河再開前に米英仏の海軍が76万発を回収済みとされていたが、運河の底の砂に埋もれていたものをすべては回収しきれておらず、12隻のポンプ船では爆発事故が連日のように発生、五洋建設の最新ポンプ船「第三スエズ」だけでも工事期間中73回の爆発があり、1日に5回を数えることもあった。スエズ運河庁は再開したばかりの運河に対する風評を恐れて公に対応することを渋り、事態を重く見た水野社長は現地に赴いた上、かつて日本での不発弾事故を乗りこえた経験を踏まえて組織として不発弾撤去班をつくった。幸い、日本国内の不発弾処理で名を轟かせていた日本物理探鑛株式会社および潜水会社の瀬之口海事が引き受けてくれることとなり、磁気探査船とダイバーたちをスエズに派遣、危険な作業をひとつひとつ黙々とこなしていった。ダイバーたちの奮闘で3000発にのぼる不発弾を回収してエジプト軍の爆弾処理班に渡し、その結果不発弾事故はなくなり、安心して工事を進められるようになった。

他方、硬い岩盤については現地での試行錯誤で新素材モリブデン合金のアメリカ製の新しいカッターチップの形状と取り付けるべき最適の角度を見つけて特注し、岩盤を次々と砕いていった。こうして、カッターを交換するために掘削が止まることがほとんどなくなり、ポンプ船はフル稼働、ついに1980年（昭和55年）12月16日スエズ運河拡張工事が完成した。

開通式典にはサダト大統領、伊東正義外務大臣、マシュフール長官ら要人が出席した。1977年に浚渫作業中の「第三スエズ」を訪れ、工事現場を視察した経験がある大統領は式典の演説において、「この工事の完成は一八六九年のレセップスによる最初の運河開通に匹敵する快挙だと称賛し、（中略）日本企業と日本政府の協力に負うところが大きかった、（中略）日本人の勤勉さは、見習うべきものです」と述べ、水野社長には最高勲章が授与された。[49]

「人は城、人は石垣、人は濠」

スエズ運河と日本の関係は、物理的な工事に限られるものではなかった。日本は、エジプト人の、エジプト人によるスエズ運河を実現するために、ODAで人造りにも邁進した。スエズ運河庁に対する日本の技術協力は1960年から始まり、特に1975年の運河再開後の「1978年から1989年にかけて、経営管理や通航料金政策に関する分析・評価を行う『エコノミック・ユニット』を運河庁内に設立させ、研修員の受け入れ、専門家派遣などの支援を行うとともに、運河庁の研究機関に対し、1978年以降専門家を派遣し、技術系職員の指導を行ってきた」[50]。それまでのスエズ運河庁は、例えば拡張工事の採算性見通しにしてもヨーロッパのコンサルタントに丸投げしており、その実態を見た世銀から経営企画部門の設立を薦められたことがきっかけであった。運河庁はこれをヨーロッパには依頼したくないと考え、日本政府に支援を求めた結果である。日本人専門家たちは、育成すべき文系技系双方の職員を運河庁幹部とともに選定した上で、「①料金水準、②喜望峰経由とスエズ運河経由の輸送コストの比較、③交通量、料金収入、財務分析、バランスシート、④コンサルタントが作ったフィージビリティー・スタディが正しいかの判断能力育成、⑤カレント・トピックのショート・リポート、⑥パイプラインやパナマ運河その他のプロジェクトがスエズ運河に与えるインパクトの評価」を指導し、継続的に人材育成を行っていった[51]。イスラエルがスエズ運河を自国防衛の濠にしたのに対し、日本は国造りの礎である人材育成、武田信玄の「人は城、人は石垣、人は濠」をスエズ運河で実践したのである。やがてスエズ運河庁には専門知識を持つ職員も育ち、自前の浚渫船も持つようになって、スエズ運河は名実ともにエジプト人のものとなった。

その後、2011年からの政治の混乱を乗りこえて、2015年には、シシ大統領が進めたさらなる運河の拡張工事が完成した。80億ドルを超す建設資金はエジプト国民向けのみに発行された国債で賄われ、工期は1年で完成し、かなりの部分の複線化と全体の拡幅と深化を実現した。こうして船舶が益々大型化する中、他のライバル航路、すなわち喜望峰経由、パナマ運河経由に伍して主要幹線航路としてのスエズ運河の地位は揺るがず、エジプト経済の貢献においても２０１８・２０１９年度の通行料収入は約57億ドルとなってＧＤＰの約２・４％を占めるにいたった。[52]

平和を紡ぐ日本との縁

　スエズ運河と日本との縁は拡幅工事と人材育成で終わりではなかった。その後のスエズ運河をくぐるトンネルとまたぐ橋、いずれも日本が関与したものである。

スエズ市からシナイ半島側にくぐるトンネルは、１９８３年にイギリスの企業によって建設されたが、深刻な塩水の漏水のためコンクリート製のトンネル・セグメントが劣化し、エジプトは日本に支援を求めてきた。このため１９９１年に日本政府は無償資金75億円を供与することを決定し、１９９２年から日本の鹿島建設が改修工事を施工、長さ１・63キロのトンネルは１９９５年に完成した。[53]シナイ半島を南下するために極めて便利なトンネルである。

　その１９９５年、ムバラク大統領夫妻が日本を公式訪問、村山総理（当時）との会談で、人口爆発によって職も見つけられない若者たちのことも念頭においてエジプト政府が進めているシナイ半島開発への協力、具体的にはスエズ運河西岸からシナイ半島に渡る交通手段としての橋の建設への協力を依頼された。調査検討の末、１９９７年に橋本総理（当時）は吊り橋建設への協力を決定した。なぜトンネルでなくて橋なのか。そこには平和の象徴にしたいとのムバラク大統領の意向があった。すなわち、橋は戦略上極めて脆弱で攻撃しようとすればトンネルよりはるかに狙いやすく、さらに爆撃によって橋が落ちれば運河も使えなくなってしまう。もとより民心の鼓舞も念頭にはあったであろう。スエズ運河の東側に掘られたポート・サイド新港で降ろされたコンテナを積載した大型トレーラーが天空高くスエズ運河にかかる橋を渡る姿を仰ぎ見れば、国民の士気が向上することも考えたであろう。しかし、「ムバラク平和橋」との命名にも反映されたように、あえてそのような戦略上脆弱な橋をつくり、エジプトなくして戦争なし、平和なくして繁栄なしとのメッセージも込めつつ平和への決意を鮮明にする、それがトンネルではなく橋をつくりたいとの狙いであった。

1999年4月、ムバラク大統領が訪日して小渕総理（当時）と会談した際に発出された日本・エジプト共同声明において、「ムバラク大統領は日本のエジプトに対する経済・技術協力、特に両国が共同で資金を供給するスエズ運河架橋建設計画への無償資金協力に対する感謝の意を表明した。両首脳は、この橋がアジア・アフリカ間の人と物資の交流を促進する重要な役割を果たし、将来、地域の平和と安定の象徴となることへの期待を表明した。」と発表された[54]。

2001年（平成13年）10月9日、それは9・11同時多発テロから4週間後のことだったが、抜けるように青い空の下で、といってもエジプトの空は砂嵐が来る春を除いてはほぼ毎日抜けるように青い空なのだが、スエズ運河の真上70メートルにかかる橋の中央で、ムバラク大統領と橋本龍太郎小渕内閣外交最高顧問（前首相）が握手を交わし、橋の完成を祝していた。エジプトでは記念切手が発行され、その図柄は橋の下を大型船が通過し、空には日本とエジプト両国の国旗が翻っている。カンタラ村に建設された全長3・9キロの美しい斜張橋は、橋脚の高さが世界最大のクフ王のピラミッドと同じ約140メートル、橋の中央部分を日本がつくり、両岸のアプローチ部分をエジプト側が建設した。日本の建設部分については日本の無償資金協力（平成9年度〜平成13年度、135・7億円）により、エジプトの建設部分についてはエジプトが経費を負担した。日本側は鹿島建設、日本鋼管（現JFEエンジニアリング）、新日鉄（現日本製鉄）が施工した。[55]橋の桁下は70メートルであり、運河を通航できるのは、水面上の最大の高さが68メートル以下の船舶である。巷では、アメリカ海軍の大型空母が通航できる高さだと囁かれていた。

完成式典において、橋本龍太郎前首相（小渕内閣外交最高顧問）は、両国の協力などに言及した後、次のように祝辞を締めくくった。

日本・エジプト友好橋の記念切手

出典：外務省ホームページ「外国の切手になったODA　日本・エジプト友好橋（エジプト）」（https://www.mofa.go.jp/mofaj/gaiko/oda/hanashi/stamp/chukinto/kt_egypt_01.html, 2021年4月14日アクセス）

「こうした日本とエジプトの偉大な歴史的共同作業の完成にあたり、私は先月米国で発生したテロ事件について触れざるを得ません。このテロは極めて卑劣かつ言語道断の暴挙であり、人々の安寧な生活はもとより、平和と法の支配を基盤とすべき、国際社会全体への重大な破壊行為であります。また、こうした暴力により、人間の生きる権利や移動の自由を剥奪してしまうやり方は、エジプトや我が国が営々として築き上げてきた文明総体に対する敵対行為であります。私はこの式典に先立ちムバラク大統領と会談して国際社会はテロリズムに対して断固たる立場をとるべきとの見解で一致しました。我が国は伝統的に文化の多様性こそが人類の活力の源であると信じて、イスラム世界との文明対話の推進を外交政策の一つとして重点的に行っています。従って、テロリズムがイスラムの教義とは真っ向から反することをよく理解しています。

スエズ運河地帯は戦略的要衝であるが故に、これまで様々な戦火に巻き込まれてきました。この地域が平和になったのは、エジプトが英断をもってアラブとして初めて79年にイスラエルとの平和条約を結んで以来です。91年に始まった中東和平プロセスは、昨年9月に発生したイスラエルとパレスチナ人との衝突によって、残念ながら危機に直面していますが、その中でもエジプトが和平の先駆者として、プロセス推進のために非常に重要かつ建設的な役割を果たしていることを高く評価しています。私は、そのためのムバラク大統領の卓越した指導力にここで改めて敬意を表しますと共に、一日も早く中東全体に平和が訪れることを祈念して、ご挨拶とさせていただきます。[56]」

実は、橋本外交最高顧問がカイロ空港に到着した際、空港には地元メディアのみならず欧米のメディアも待ち受けており、9・11同時多発テロがイスラムを名乗る非国家主体によってなされたことを踏まえて日本の前総理・現小渕内閣外交最高顧問がイスラム教の国エジプトのムバラク大統領に何を言いに来たのかを知りたがった。その欧米記者のうちの何人かは、「真珠湾を奇襲攻撃した日本としては、今回のカミカゼ攻撃を見てさぞ留飲を下げたことであろう」とのひっかけ質問を繰り返して食い下がった。それに対して前総理は、「9・11同時多発テロで24人の日本人が犠牲になられたことを知っての質問か。そもそも真珠湾では日本は海軍と陸軍航空隊を攻撃したが民間人を一切攻撃していない」と一蹴した。9・11攻撃の翌週9月20日にブッシュ大統領（当時）が上下両院合同セッション議会で行った「テロに対する戦争（War on Terrorism）演説」において、「9月11日、自由への敵が我が国に対して戦争行為をおこした。アメリカ人は戦争を知っているが、過去136年間、1941年のある日曜日を除いては、戦争は外国の土地で行われていた」と真珠湾攻撃に言及し、またハイジャック機が国防省や貿易センタービルに突入した攻撃のことを欧米メディアは「カミカゼ」と大書したことがこの質問の背景にあると、日本から同行していた筆者は直感的に感じた。[57]

今、スエズ運河地帯は様変わりしている。エジプト政府は運河地帯に経済特区を設けて経済振興を図ってきた。このうち運河北端の地中海側では、2005年にポート・サイド対岸のシナイ半島側に、運河の複線部分に沿ってコンテナ・ターミナルが建設され、新しい経済発展の起爆剤になると期待されている。運河南端に目を転じると、スエズ市から南に下ったアイン・ソフナ一帯には新しいエジプトを象徴するような光景が広がっている。アイン・ソフナ港を軸とする工業団地は約9平方キロの規模を誇り、肥料、化学、鉄鋼、製紙、石油製品など64社が操業している。[58] その南郊は美しい海岸リゾートとして知られるようになり、日帰り客も含めカイロ市民の手近な憩いの場となっている。紺碧の空の浜辺に立って、タンカーやコンテナ船が運河入り待ちをするスエズ湾を背景にイルカたちが水面を飛びながら魚漁をする姿を目の当たりにすると、自分がいる場所が200年以上にわたる争いの場所であったことも、そして今もこの国が政治・経済・社会の問題を抱えているということもつい忘れそうになるのであった。

コラム5　霊峰白山からの七本の恵みの水

石川県　手取川七ヶ用水（世界かんがい施設遺産、疏水百選）

七ヶ用水のかんがい区域は、3市1町（白山市、金沢市、野々市市、川北町）にわたる約5000ヘクタールの広域な水田地帯であり、加賀北部に位置し、東は富樫山地の麓から西は日本海に面し、南は手取川から北は犀川左岸流域に接している。

霊峰白山を源とする手取川により形成された、日本でも代表的な扇状地の右岸地帯で、金沢市の南に位置し、古くから加賀百万石の米どころとして、県下最大の穀倉地帯として良質米を生産している。他方、手取川は氾濫を繰り返しながら「水路（みずみち）を七たび変えた」との伝承がある暴れ川で、永い年月を経てその地形は、日本の代表的な扇状地を造成した。

地域のまとめ役として活躍した枝権兵衛（えだごんべえ、1809年（文化6年）～1880年（明治13年））は、農民の悲願であった安定した用水を確保するために、その生涯と全私財をかけて、安久濤ヶ淵（あくどがふち）からトンネルを掘り、ついに1869年（明治2年）、手取川の水を取り入れることに成功した。富樫・郷・中村・山島・大慶寺・中島・（新）砂川の7つの用水に由来し、いつの時代からか「七ヶ用水」と呼ばれている。

この偉大な水利遺産を守り育むため、それぞれの時代で事業が実施されている。

1903年（明治36年）、洪水および渇水対策、配水操作の改善を目的にオランダ人技師ヨハネス・デレーケの指導の下、7つの用水の取入口を一つにする合口事業により、大水門、隧道、給水口、幹線水路が完成した。（明治の大改修）

1949年（昭和24年）の土地改良法制定に伴い、1952年（昭和27年）手取川七ヶ用水普通水利組合から手取川七ヶ用水土地改良区に組織変更。戦後の食料増産対策により、農業用水の安定供給を目的とした大日川ダムの建設、白山堰堤の嵩上げ、水路延長約１４０キロの改修がなされ、農業生産の基盤整備が進められた。（昭和の大改修）

近年、農村の都市化・混住化と水路の老朽化対策として、市と協力・分担の上、環境に配慮した親水護岸への改修や道路整備を行い、水路の保全管理やサイクリングロード、遊歩道として活用するほか、親しみのある水辺公園「ホタルの里づくり」等を整備し、地域住民の安らぎと憩いの場となっている。また、市街地での溢水対策として水管理システムを導入し、災害の未然防止に努めている。（平成・令和の大改修）

地域では、昔から七ヶ用水は、農業用はもとより、村々に引かれて、飲料水として清らかさを守り、汚物を洗うことや捨てることが禁じられ、流域の農家が生まれてから死ぬまでの霊水であると言われ、今もなお、人々の生活に密着した用水として、受け継がれている。

（地域にまつわる言葉）
「この地の百姓は日照りの害や洪水に痛めつけられ苦しみに耐えて凌いで生きてきた　七ヶ用水生みの親　枝権兵衛さん　ありがとう」（村本平順（白山市立広陽小学校創立30周年記念曲作詞作曲家））

「七ヶ用水の父」枝権兵衛の功績は「七ヶ用水誕生物語～権兵衛さんの贈り物～」の一節となって、地元小学校で各種行事の際に歌われている。

（写真）手取川と七ヶ用水大水門
水土里ネット七ヶ用水提供。
写真右上は、水利施設の管理のための手取川七ヶ用水白山管理センター。2階展示室には、七ヶ用水の歴史や役割がパネル展示され、小学生の課外学習などに利用されている。

第5章　ニューヨークで雉を撃つ?——安全な水

1　衣食足りて何を知るのか

(1)　春の小川

文明開化の明治からデモクラシーの大正に時代が移ろうとする頃、「帝都」と呼ばれながらも東京には季節が溢れ、春が来ればさらさらと流れて岸のすみれやレンゲの花にささやきかけ、えびやメダカや小鮒が泳ぐ、そんな小川[1]が人々の日々の生活を潤していた。やがて時が進み、絨毯爆撃で「帝都」は焼け落ち、生き残った人々の生きるための喧騒と「奇跡の復興」の中で昭和39年の東京オリンピック開催準備を念頭に、渋谷川に注ぐ「春の小川」のモデルとなった中小河川はコンクリートの蓋でおおわれ、あるいは道路となり、あるいは一部児童公園となり、暗渠という名の下水と化した。今日の価値観からは驚かされることだが、下水道普及率が低い中、中小河川は「下水管にすべきだ」という当時の東京都幹部による位置づけがなされていたことが背景にある。[2] こうして人々はうららかな春の日差しを浴びながらのどかな川辺を散策することなど、とうの昔に忘れてしまった。

　落城の都、東京にオリンピックを招致して戦後復興そして何よりも国際社会への復帰の象徴としようとの思いは、敗戦後比較的早い時期から関係者の心に宿っていた。日本人初のＩＯＣ委員（１９０９～38年）[3]、嘉納治五郎東京高等師範学校校長・講道館館長の尽力で開催が決定していながら、戦争で中止となった昭和15年（１９４０年）の東京オリンピックの無念も胸にあった。第17回オリンピック（１９６０年）はローマにもっていかれたが、その次、第18回オリンピック（１９６４年）の開催地を決定する国際オリンピック委員会（ＩＯＣ）総会（１９５９年）に向けて、戦前戦後に活躍したアスリートたちや東京都関係者を先頭に地道な誘致活動が続けられていた。

　しかし、戦争が終わって10年少々しかたっていないときに、ＩＯＣの主流を占めるヨーロッパの人々はそもそもアジアに関心はなく、東京については、はるか彼方の「極東」にある、戦争好きの人々が住む、公衆衛生状態も定かでないような街ではないのか、といった程度のイメージしかなかった。そうしたこともあって、昭和34年（１９５９年）にＩＯＣ総会が西ドイツ（当時）のミュンヘンで開催されたとき、大勢は対立候補のアメリカのデトロイトで決まりと思われていた。

　それを大逆転して東京開催が決まったのは、総会での招致演説、たった15分の演説、が会場を感動させたからであった。日本オリンピック委員会が招致演説を依頼したのは、平沢和重氏。ＮＨＫテレビの「ニュースの焦点」での15分間の解説を記憶している読者もおられるかと思う。平沢和重氏は、戦前日米関係が悪化していく中で関係改善に尽力した齋藤博駐米大使の秘書官として薫陶を受けた元外交官。齋藤大使はルーズベルト大統領とも親交を築くほど活躍したが1939年アメリカで病没してしまった。そのとき、アメリカ政府は、帰国する家族の乗る日本郵船の龍田丸に巡洋艦アストリア号を並走させ、敬意をもって遺骨を送りとどけたのであった。戦後ジャーナリストに転じた平沢氏と長年仕事を共にした磯村尚徳氏は、少年時代偶然その龍田丸に乗船しており、並走するアメリカ軍艦の姿を昨日のことのようにいきいきと筆者に語った。

さて、昭和34年（1959年）5月22日、ミュンヘンのIOC総会では、デトロイト代表がアメリカの実力をいかんなく見せつけていた。KODAKのカラースライドをふんだんに使い、いかにデトロイトがオリンピックの開催地としてふさわしいか、持ち時間の45分をフルに活用しての長広舌。KODAKのカラースライドはパン・アメリカン航空と並んでアメリカの華の1950年代を象徴する富そのものであったから、デトロイトで決まり、との空気がいよいよ漂っていた。そのような会場で、デトロイト代表のプレゼンテーションの直後に登壇した平沢和重氏は、カラースライドなど使う資金もない中で、脇に何やら本を抱えていた。冒頭あいさつに続けて、やおらその本を満場のオリンピック委員たちに向けて掲げた平沢氏はこう切り出した。

「(中略) ここに日本の小学校六年生用の教科書があります。この教科書の七ページにわたって『五輪の旗』と題する話がのせられています。この話は、オリンピック競技の始まり、その基本理念と近代オリンピック競技の父クーベルタン男爵の生涯について述べている (中略) 日本の子供たちはみな、オリンピック精神を体得し、クーベルタン男爵の功績を知っているということであります。[4]」

こう述べてから、東京の受け入れ態勢就中オリンピック村について、朝霞のオリンピック村候補地は旧アメリカ軍の住宅地として利用されていたものでオリンピック村の規格に完全に合致すると具体的施設などを説明、さらに東京の気候と言語に言及する中でこう強調した。

「東京は近代都市の資格を充分に備えております。流行病の恐れはなく、水質は良好で、テレビは六チャンネルが放映しております。しかも東京は古い伝統の魅力も兼ね備えているのであります。」[5]

（傍線は筆者）

さらに、日本は遠いと思っている聴衆に対して、科学技術が進んでいる中で5年後の国際航空網がどうなっているか今は予想できないと飛行機の進歩に触れつつ、現在ソ連と交渉中の航空協定が妥結すればシベリア横断の空路が開かれ日欧間の距離が短縮されると述べた。今ではなかなか想像できないほど低かった当時のヨーロッパ人の対日認識、[6] アメリカ軍人の住宅だったから良い規格であるとか、東京の水は細菌だらけではないと説明せざるをえないような対日認識の人々を相手にして、平沢和重氏はどうやって各国オリンピック委員たちをうならせたのであろうか。巷間、持ち時間の3分の1の15分という短いスピーチでパンチを利かせ、長広舌にうんざりしていた聴衆の心をつかんだことがあげられている。確かにそれは重要な要素であったが、実は、印刷されていない発言があった。

それは、日本のすべての子どもたちがクーベルタン男爵の精神を理解していると述べた上で、「日本は戦争の国から平和の国になったのであります」と言い切り、満場がわっと沸いたのであった。

実は、平沢氏のメッセージは、嘉納治五郎ＩＯＣ委員の遺言とも言いうる。嘉納治五郎委員は、東京オリンピック（1940年）を中止すべしとの国際世論を前にして1938年カイロで開かれた第

38回IOC総会において獅子奮迅の活躍をしてなんとか予定通りの開催承諾とりつけに成功したが、[7]その帰路日本郵船の氷川丸船上で体調を崩し横浜到着の2日前に肺炎のため死去された。その枕元にいたのが平沢和重氏であった。いまわの際まで平沢氏は同乗していた嘉納治五郎IOC委員の思いを聴いており、その思いを、齋藤大使に鍛え上げられたいかに相手の心をつかまえるかという外交術と、ぴたりと15分で聞く人の理解を得るニュース解説で鍛えた話術をもってIOCの聴衆にぶつけたのである。そして実は、その聴衆はといえば、ブランデージIOC会長をはじめとして「平沢氏はあの尊敬すべき嘉納治五郎の弟子らしい」と知っていたのである。

以上は長年平沢和重氏とともに仕事をしてみえた磯村尚徳氏から筆者が直接伺った実話である。

(2) 衣食足りて包摂を知る?

東京オリンピックが開かれた昭和39年(1964年)は、戦後日本の大きな節目となった年であった。4月1日、IMF8条国(外国為替の自由化)へ移行、同日OECDに加盟、10月1日の東海道新幹線開業。そして、10月10日の東京オリンピック開会式。[8]国立競技場の聖火台に点火した聖火ランナー最終走者、早稲田大学競争部の坂井義則氏が1945年8月6日広島県(三次市)生まれという象徴的な重みもまた平沢和重氏の演説と筆者の心の中では重なるところがある。

他方、その頃、世界では何が起きていたのだろうか。1950年代後半から1960年代半ばにかけては、アジアとアフリカの国々がヨーロッパ列強による植民地の頸木から相次いで解放されていった時代であった。ただ、「独立」といっても、アフリカでも、またアジアでも、かつて繁栄していた旧王国の領域や住民の民族・言語分布を無視したヨーロッパ列強の線引きによって植民地領域が決まったことから、新しい共和国は「国家の一体性」や「同胞意識」をいかに醸成するのかという難題に常に向かい合わなければならないこととなった。同胞意識がなければ、いくら国を固めようとしてもそれは海岸の砂でつくった砂団子のようなもので、すぐにバラバラと崩れてしまう。加えて、植民地にされる前から長年の伝統があった繊維や染物、またナイジェリアの鉄器のような地場産業はその多くが宗主国の商品を押し付けるために破壊されてしまい、また農業も宗主国の需要に見合うためのプランテーション農業が導入されて日々の糧を生むための農業は脇にやられた。

1970年代はじめに筆者がフランスで聞いたブラック・ジョークは、こう言っていた。「アフリカの大統領が独立十周年記念式典で演説をしていた。『我々は10年前崖の淵に立たされていた。そしてこの10年の努力によって一歩前に進んだ。』」そこで聞いていた人たちは爆笑した……、崖から落ちたと連想したのである。筆者は、自分たちの苛斂誅求を棚に上げて上から目線を当然視するヨーロッパ人に何人も現地で出会った。もとより開発は一筋縄ではいかないし一朝一夕で実現するものでもない。また開発途上国の自己責任に帰すべき失敗も数多い。開発に成功して離陸した国も多い一方で、今日なお取り残されている国もある。今日、地球上に住む80億人近い人間の中で、「底辺の10億人(the bottom billion)」、という悲しい言葉が耳に響く。彼ら——否、特に彼女ら——は、非識字にあえぎ、1日あたり百数十円で過ごす極貧の中にあり、清潔な水も、清潔なトイレもない中で生活し、治療法があって本来死なないはずの感染症にかかって治療も受けずに亡くなる。さらによく見れば、清潔な水やトイレがない人の数は10億人どころの規模ではないのが今の世界の現実である。

この人々は、世界が発展していく中で、その負の側面のしわ寄せを一身に引き受けてずっと暗いトンネルの闇に包まれて生きていかなければならないのだろうか。他方、「包摂的成長」という言葉もしばしば耳にするようになっている。それは、この人々が今辛いサバイバルの淵にあるのは、単に時間差の問題でやがては開発の恩恵が彼ら・彼女らにも届くということを示唆しているのだろうか。

ペルーの首都リマ郊外のスラム街に小学校を次々とつくったフジモリ大統領を、スラムの住民たちは開校式典で鼻をすすりあげながら抱擁し、「自分たちはスラムから抜け出せないけれども、この学校のお蔭で子どもたちは抜け出せる……」と涙声で感謝した。スラムには"VIVA FUJIMORI"（フジモリ万歳）と書かれていたが、その希望は実現するのだろうか。それまでの大統領たちが軽視したスラムや山間部のインディオ系住民たちの教育に取り組んだことを、それ以外の市民たちはたいして評価していないような印象をうけたが、真実は那辺にあるのだろうか。衣食が足りれば、貧者や弱者を包摂する余裕と寛容が国家・国の指導者と富裕層に自然に備わるようになるのだろうか。

このように考えたときに脳裏を横切るのは、「包摂」の代表的施策だと筆者としては考えている国民皆保険がアメリカという世界一豊かな国にはないという事実である。それに近づけようとしたオバマケアを潰すことを公約に掲げたトランプが当選して、国民の半数近くから支持され続けてきたことをどう評価すべきなのだろうか。また、日本に目を転じたときに、世界で3番目に大きなGDPの日本において、コロナ患者を救うために日夜闘っている医療従事者を差別し、生徒の母親である看護師が授業参観に参加することや保育園に来ることを拒否したという事実をどう解釈すべきだろうか。

ナポレオンはこう語った、「帝国が雅量を失うとき、それはもはや帝国ではない。[9]」

2015年、国連に多くの首脳が集まり、今度こそ「誰も取り残されない社会をつくろう」といって「持続可能な開発目標（SDGs、2016〜30年）」を採択した。そこには人間の性善説を信じたくなる多くの言葉が書かれている。けれども、それはどこまで実現するのだろうか。底辺の10億人の腕にワクチン接種の針が刺される日は来るのだろうか、彼らの住む小屋、いやせめてその近くの道角に水道管と下水管がひかれる日は来るのだろうか、そしてスラムやアフリカ農村部などに住む子どもたちはいつか学校に行かれるようになるのだろうか。

2　命を奪う水

(1) 生きられるはずの子が

旧植民地の独立から40年近い歳月が過ぎ、20世紀が終わりに近づいていた頃、21世紀の到来、すなわち三千年紀の到来を前にして特にキリスト教社会の欧米では気分が高揚していた。いよいよ戦争ばかりしていた20世紀――「血の世紀」――に別れを告げ、21世紀は人間の叡智のもとでの「智の世紀」になるのではないかというそこはかとない期待を筆者も抱いていた。

日本では「戦争」といえば第2次世界大戦を意味することが多く、「戦後」といえば1945年8月以降を指すが、世界ではそうではない。「ベトナム戦争後」を意味すると思う人も多いし、モザンビーク（1975年から1992年まで内戦）やアンゴラ（1975年から2002年まで内戦）では独立以来何十年も続いた東西冷戦の代理戦争が終わったあとを意味する。旧ユーゴスラビアではそれまで同じ国の国民だった人たちが殺し合い、おぞましい民族洗浄、そしてスレブレニツァの虐殺（1995年7月11日、キリスト正教徒のセルビア人がイスラム教徒のスラブ人（ボシュニャク人）8000人以上を集団虐殺し、旧ユーゴスラビア国際刑事裁判所[10]などの国際法廷でジェノサイドと認定された）が世界を震撼させた。ヨーロッパでは、ソ連による「ベルリン封鎖」（1948年）や1956年の「ハンガリー動乱」弾圧とナジ・ハンガリー首相の処刑、「ベルリンの壁の建設」（1961年）と西ベルリンに逃げようとした東ベルリン市民の東ドイツ「同胞」による数多の射殺[11]、1968年のソ連軍戦車によるチェコスロバキアの「プラハの春」粉砕とドプチェク首相のモスクワへの連行など、東西冷戦の恐怖の影がどこかに見え隠れしていた。

そのような20世紀に別れを告げて明るい世紀、新しい千年紀を迎えよう、と期待する大きな理由が20世紀最後の10年にあった。1989年11月9日、東ドイツ（ドイツ民主共和国）が突然ベルリンの壁を解放、さらに1990年11月19日、パリで開催されたCSCE（欧州安全保障協力会議）の首脳会議においてソ連のゴルバチョフ大統領および東欧諸国の首脳がそろって共産主義を捨て、ブッシュ（父）アメリカ大統領、ミッテラン・フランス大統領、サッチャー・イギリス首相ら西側首脳とともに、「人権および基本的自由に基づいた民主主義への確固たるコミットメント、経済的自由及び社会正義を通じての繁栄」を謳い上げた（「パリ憲章[12]」）。1991年には共産主義陣営のリーダーであったソ連が内部崩壊して15か国に分かれ、世界中が民主主義の下で良くなると多くの人が信じるにいたった。欧米の人は基本的にはアジアに関心がないので、北朝鮮、中華人民共和国、ベトナムなどが共産主義体制だということはあまり思い浮かばなかったのである。

西欧諸国は、ソ連および東欧諸国の民主化を助けることが民主主義の確立のみならず自国の安全保障にも重要であったため、アメリカや日本の資金も巻き込んで欧州復興開発銀行を設立し旧ソ連圏諸国に資金援助を行った。そのこと自体はどの国も自国の安全保障を一義的に考えるので特に批判すべきことではないが、資金には限界があるため、西欧諸国はそれまで旧植民地に開発援助として回していた資金を引き揚げてしまった。そのとき使った口実は「援助疲れ（aid fatigue）」であり、アフリカにはいくら資金をつぎ込んでも成果があがらない、自分たちは疲れた、とあたかもアフリカ人に責めをなすりつけるような議論がヨーロッパではまかり通った。ちなみに、日本が人材育成を柱とする開発論を掲げて1993年にアフリカ開発会議（TICAD）を開催し、その開発論をOECDにおいて「新開発戦略」としてまとめ上げたのには、右のような時代背景があったのである。

ところが、キリスト生誕2千年を祝い希望に満ちているはずの新しい千年紀（ミレニアム）が来るというのに、あらためてよく世界を見渡せば悲惨なことになっていることに気づかされた。開発途上地域全体で1日当たり1・25ドル以下の極度の貧困に生きることを余儀なくされている人が半数近く存在し、中でもサブサハラ・アフリカでは56・5％にもなっていること、また、開発途上地域全体では10人に1人、サブサハラ・アフリカでは5〜6人に1人の子どもが5歳の誕生日を迎えられずに亡くなるという悲しみ、さらには「改善された水源[13]」を利用する人の割合は開発途上地域全体で約7割、サブサハラ・アフリカでは半数にも達していない、などの厳しい状況に改めて気がついた。何とかしなければという思いのもと、国連などで議論が重ねられ、2015年までに達成すべき8つの目標をかかげる「ミレニアム開発目標（MDGs）」が2000年秋の国連特別総会で採択された。8つの目標は、①極度の貧困と飢餓の撲滅、②普遍的な初等教育の達成、③ジェンダー平等の推進と女性の地位向上、④乳幼児死亡率の削減、⑤妊産婦の健康状態の改善、⑥HIV／エイズ、マラリア、その他の疾病の蔓延防止、⑦環境の持続可能性を確保、⑧開発のためのグローバルなパートナーシップの推進である。そのうち⑦の環境目標の中で「ターゲット7・C：2015年までに、安全な飲料水と基礎的な衛生施設を継続的に利用できない人々の割合を半減させる。」と約束された。[14]

さらに国連は2002年11月会期において、国連経済社会理事会が「水は命と健康のための基本的な公共財であり、水にかかる基本的人権は人間としての尊厳ある生を送るために不可欠である」と発表した。[15] WHOは、2002年11月27日付のプレス発表において「不適切な水と衛生は、毎年340万人の死に絡むマラリア、コレラ、赤痢、住血吸虫症、伝染性の肝炎および下痢などの主要な原因である。また、不適切な水と衛生は貧困および富者と貧者の格差の拡大のひとつの主要原因である」と指摘した。[16] 2015年のMDGsの目標年までにさまざまな活動が行われ、水を含めてかなりの成果をあげた分野もあったが、よく見れば取り残された人々、地域や課題が存在することが浮き彫りとなり、2015年に「誰も置き去りにされない」をスローガンとする新たな国際目標「持続可能な開発目標（SDGs）」を世界の首脳が国連で採択した。取り残される、あるいはまず犠牲になるのはいつも子どもであり、女性であり、後発途上国就中アフリカ、特にアフリカ中西部である。

WHOがあげた水関連の疾病のうち下痢だけを見ても、世界で毎日1400人以上の5歳未満の子どもが下痢性疾患で死亡している（2017年、UNICEF）。年間約52万5千人、あるいは毎分1人の5歳未満児の命を奪う下痢は、死因の8%を占めている。[17] 21世紀になった頃には124万人近い

5歳未満児が下痢で亡くなっていたことに比べれば改善はしているのだが[18]、しかし、本来ならこの子どもたちの多くは家庭での日常生活で予防できる病気にかかって亡くなっているのが実態である。「水は命」と言うが、このように水は死を運んでくるものでもある。

この厳しい現実について、先進工業国に住んでいると実感がわきにくい。毎年11月に神社で見かける七五三の家族連れのほほえましい姿は幸せを感じさせてくれるが、そもそもの七五三の起こりは子どもの生育にとっての大きな峠である3歳、5歳、7歳を乗り切ったことへのお礼とさらなる健康祈願であった。国連の主要な開発指標のひとつに「5歳未満児の死亡率」が含まれていることは、子どもにとって5歳までが大きな山であることを如実に物語っている。実は、日本を含む先進国でも多くの大人や子どもが下痢で亡くなっていたのだが、今ではそれはずっと「昔」のことだと思われている。しかし、平沢和重氏の演説のわずか9年前、昭和25年（1950年）を例にとると、日本人の死因は多い方から順に、全結核、脳血管疾患、肺炎及び気管支炎、胃腸炎、悪性新生物、であり[19]、当時、下痢は日常生活の一部だった。平沢氏が「東京の水質は良好である」と発言したのは、そうした現実が脳裏にあったからなのであろうか。

そもそも当時の日本人の平均余命は男性58・0歳、女性61・5歳だった[20]。その後、上下水道の普及、公衆衛生の改善、母子保健の改善、医学の進歩、国民皆保険の導入（昭和36年・1961年）、予防の重要性についての認識の高まりなどにより、今や平均余命は当時より20年も伸び、死因も様変わりしている。厚生労働省によれば、平成30年の日本人の主な死因は次のとおりであった。①悪性新生物〈腫瘍〉27・3％、②心疾患（高血圧性を除く）15・3％、③老衰8・0％、④脳血管疾患7・9％、

⑤肺炎6・9％、⑥不慮の事故3・0％、⑦誤嚥性肺炎2・8％、⑧腎不全1・9％、⑨血管性および詳細不明の認知症1・5％、⑩自殺1・5％（厚生労働省「平成30年（2018年）人口動態統計月報年計（概数）の概況」10頁）。

日本では下痢は死因のトップ10から姿を消している。WHOによれば、世界全体で見ても下痢については改善が見られ、2000年から2019年の間に下痢による全年齢層の死者数は110万人減少した。そうはいっても、今なお毎年150万人（2019年）が下痢性疾患で死亡しており、主要死因の8位を占めている。さらに、低所得国[21]においては下痢が主要死因の第5位を占めている（2019年）。①新生児疾患、②下気道感染、③虚血性心疾患、④脳卒中、⑤下痢性疾患、⑥マラリア、⑦交通事故、⑧結核、⑨HIV／エイズ、⑩肝硬変。[22]

途上国で人々が下痢性疾患で亡くなるのは、世界の人間のうち22億人は安全な飲料水へのアクセスが自宅になく、また42億人は安全な衛生設備（トイレ）が自宅にないからである。[23]逆に言えば、亡くなった人たちは清潔な水と清潔なトイレさえあれば、そして仮りにそれが十分ない場合でも医療施設にいつでも駆け込むことができていれば、亡くならないですんだと見られるのである。

蛇口が自宅にある、ましてや蛇口をひねれば安全な水が出るなどという国はそう多くはない。今なお人類の10人に1人は自宅から往復30分以内では清潔な水を入手できない。人数にして7億8500万人にのぼる。しかも、そのうちの1億4400万人は池などの地表水をそのまま飲んでいる。すなわち、泥、細菌、動物の糞尿、寄生虫が入っている水を、である。しかもこの数字は平均値と総数であるので、地域格差もジェンダー格差も表していない。

水は差別と戦争の資源であるばかりでなく、格差の資源でもある。

水をめぐる格差の最たるものは都市部と農村部の地域格差、そして男性と女性のジェンダー格差・差別に見られる。世界各地で安全な水へのアクセスについての都市部と農村部の格差は広がっており、い問題は、農村部では10人中8人が自宅から往復30分以内で清潔な水を入手することができない。[24] さらに根が深い問題は、水汲みの担当はどこの国でもおおむね女性、特に女の子だとされていることである。サブサハラ・アフリカでは、最寄りの水場までの平均距離は3キロあり、女の子は往復2時間かけて水を汲みに行き、1日3往復、すなわち6時間を「たった」3杯のバケツやポリタンクの水のために費やしている。[25] その他の時間は薪拾いや幼い弟妹の子守りをするので、学校に行く時間的余裕はない。幼い女の子が水汲みに長時間費やしているのはアフリカに限らず、アジアの農村部などでも普通の風景とすらいえる日常である。

「水を汲み、運ぶのは女性の仕事。苛酷な水汲みや水運びは何時の時代にも女性の役割だった。」

(橋本龍太郎・国連水と衛生に関する諮問委員会・議長[26])

(2) 立ち遅れる衛生への取り組み

大腸菌が多いガンジス川に沐浴する人々が多いことに第2章で言及したが、事態はより広く、より深刻である。経済成長が著しいインドだというのに、栄養不良で発育障害のある5歳未満児の数が減少していない。その原因は食糧不足というよりも不十分・不潔な衛生設備（トイレ）にあり、また十分な下水処理施設のある街はないためほとんどの川が下水となっているからであり、充分に食事をしている子どもにも影響していると、2014年にニューデリーのテレビ局が特集で報じた。[27]

欧米の報道機関もインドのテレビ局も、なぜインドでは、乳児は母乳で育ち、食事も十分に与えられているのに、栄養不良で発育障害に陥り、生涯にわたって知的及び肉体的に苦しむことになる子どもがいるのだろうか、との問題提起をしている。その原因として、トイレが自宅にも近所にもなく、人々が屋外排泄をするので子どもたちが細菌に感染しやすいことが指摘されている。下痢で死なないまでも障害が残るほどの栄養不良に陥る、こう指摘した上で、『ニューヨーク・タイムズ』はユニセフ関係者が衛生設備（トイレ）の不備が世界の発育障害の半分以上の原因かもしれないと述べていると報じた。[28]

2014年インドのモディ首相は、「清潔なインド」キャンペーンを始め、2019年までに屋外排泄をなくすことを目指した。2019年10月、首相は6億人のために1億1000万のトイレを作ってインドから屋外排泄がなくなった、と宣言した。インド政府の調査では96％の人は設備を使用しているとのことだが、長年の慣習から自宅にトイレを作るより屋外排泄した方が清潔だと感じている人々も多く、特に農村部においてトイレを使用するかどうか、また作られたトイレの維持管理などの課題が指摘されている。[29] 誰がトイレの掃除をするのか、カースト制の厳しいインドではこの問題を乗りこえない限り、根本的解決は来ない。そのための最下層カーストの人々が誇りをもってトイレ掃除に取り組むキャンペーンと活動も行われており、その成功を祈るばかりである。

あるネパール人の知人は、農村部では地主の家にもトイレがなく、その理由はトイレはカーストの最下層の人が触るものとされているからだと筆者に述べた。そのため、女性は朝暗いうちから茂みに向かうが、それは衛生上の問題のほか常に襲われる危険を伴うものだとも述べていた。このような社会風習を変えるには時間を要するが、子どもたちの教育現場で社会風習に正面から取り組み、健康のためにトイレを使うことおよびトイレを清掃することの重要性への理解を広める活動もある。例えば、世界的な識字運動の「万人のための教育」[30]の一環としてネパール政府が進めていた小学校建設を日本の国際協力機構（ＪＩＣＡ）が支援した際には、教室の建設支援のみならず給水施設やトイレのない学校にはトイレもひとつずつ建設した。「教師や生徒の定員にはとても対応しきれませんが、衛生教育の第一歩です」として教育局施設課長がサプタリ郡ジャナタ小学校につくられたトイレを視察している様子をＪＩＣＡはアップロードしている。また、同じ支援プロジェクトによるバラ郡ジャナジャグリティ小中学校の写真では「教育局施設課長が全校生徒の前で、トイレの清掃維持の大切さを説明しているところです。このあと、校長先生が一緒に清掃を実演して見せました」[31]と解説している。

これはカースト社会ではすごいことである。子どもたちが帰宅して、校長先生がトイレ掃除をしていたよ、と親に話す、それは衝撃をカースト社会に与えるのではないか、何千年の社会の決まりを一朝一夕で変えることはできないにせよ、日々の生活が一歩ずつトイレに近づいてほしいと願わざるをえない。

屋外排泄の問題は、東南アジアの雄インドネシアも直面している。多くの人は池や川を利用し、毎月1回以上下痢にかかり、衛生施設へのアクセスは52％と指摘されていた[32]。最近でも事態は改善せず、ユニセフ・インドネシア事務所によれば[33]、インドネシアでは２５００万人近い人がトイレを使用しておらず、畑、茂み、森、溝、道路、運河、その他の空き地で用を足している。５歳未満児の４分の１

は下痢に苦しみ、コレラなどによる下痢がインドネシアの子どもたちの最大の死因となっている。裕福な街であるジョクジャカルタにおいてさえ、２０１７年の調査では水源の89％と家庭の飲料水の67％が便の細菌に汚染されていた。インドネシア全体では排水は７％しか処理されていない。ここでも、人々の慣習をどう変えるのか、すなわち政策立案者から市井の人々にいたるまでの意識をどう変えるのかが難題である。ユニセフも小学校とその周辺のコミュニティから意識改革をしようと取り組んでおり、手を洗う運動などを進めている。ただ、インドネシア随一の観光地であるバリ島に行っても、高級リゾート地区を出て田園地帯に入るとまず目に入るのはゴミの山であり、それは清掃工場がないかあったにしても処理能力が不十分であることを如実に物語っており、一口で衛生観念の普及といったところで、物事はそう容易に進められるものでないことを実感させられる。

(3) 立ちはだかる社会的タブー

子どもたちの「敵」が水と衛生（トイレ）の不備だ、と指摘され、またミレニアム開発目標（ＭＤＧs、２０００〜15年）や持続可能な開発目標（ＳＤＧs、２０１５〜30年）に「清潔な水」と「安全な衛生設備」へのアクセス改善が盛り込まれている中で、上水については前進が見られる一方、衛生については前述したような状況が多くの国で続いており、また援助国側においてもなかなか衛生について支援しようとの認識は高まらない。42億人の人間は自宅にトイレがなく、そのうち推計24〜25億人もの人間が近場にすらトイレがない生活を送っている本当の理由は何だろうか。

立ちはだかるのは、そのようなことは人前では口にしてはならないという社会的タブーである。タブーだから話さない、話さないから政策課題に上らない、政策課題に上らないから何も実施されない。日本でも、人前では「トイレ」の話題を通常はしない。単語としても「お手洗い」、「洗面所」ということが多く、また一世代前の女性は「御不浄」と言っていた。「トイレ」の場所を尋ねるときにも「手を洗いたいのですが」ということが多いし、それは英語で言えば“Where can I wash hands ?”である。直接的表現ははばかられるから、衛生・下水のことを言うのに上水の表現を使うのである。ちなみに、イスラム圏では、排便後右手は使わず、必ず左手を使う。不浄だからである。

外交誌 *Le Monde Diplomatique* は「排泄物のタブー、衛生上およびエコロジー上の災厄――人類の25億人はトイレがない」と題して、要旨次のように問題提起をした。[34]「皆『そこに行く』けれどもそのことを誰も話はしない。ところが、この作法は避け得る何百万という死を覆い隠している。」都市の人口が増え続ける中で、世界中でスラムが広がり、「10億の都市住民はトイレがないこと、そしてその結果、極貧、尊厳、健康の問題に苦しんでいる」にもかかわらず、水と衛生の問題では上水に関心が集中し、その結果途上国の「河川は19世紀のテームズ川、ライン川、セーヌ川のように糞尿などで汚染されている」、「下水管設置工事をしたとしても、都市の貧困層や農村部の貧困層の家に接続はされない」。コレラにかかっても、「恥ずかしい不潔な病気にかかったので自分からは言わない」ので統計は下振れしている。水と衛生というが、上水がひかれれば水洗トイレがあると思い込み、衛生設備の不備とコレラなどの疾病の関係は忘れられてしまった。

他方、少しずつではあるが、このタブーとの戦いを挑んできた例もある。ネパールの校長先生が全校生徒の前でトイレの清掃をして見せて子どもから変えようとしたのはその一例であるし、またインドのモディ首相が屋外排泄について演説して、大量のトイレを建設した背景には、トップダウンで率先垂範しない限り、言い換えれば公人である首相がトイレについて公の場で話さない限り、物事は変わらないという認識があったのではないだろうか。新しくつくられたトイレの維持管理や本当に人々が使うだろうかという課題はあろうが、どこかで誰かが人前でタブーについて話を始め、そして公然とタブーとされている事項について具体的行動をとらない限り、何も変わらない。

このような観点から大きな挑戦をしたのが、ガーナ出身のコフィ・アナン国連事務総長（当時）の指名と依頼で橋本龍太郎元総理が議長に就任した国連「水と衛生諮問委員会」（2004年設立）の提言である。水と衛生について幅広い具体的提言を2006年に行った中で、2008年を「国際衛生年」としてトイレの重要性について世界の認識を高め具体的行動につなげることを呼び掛けた。これを受けて、2006年12月、日本政府がイニシアティブをとって国連総会で「2008年国際衛生年」決議が採択された。当日外務省は次のように発表した。

「1．我が国のイニシアティブで提出された「2008年国際衛生年」決議案が、12月21日（木曜日）（ニューヨーク時間20日（水曜日））、国連総会本会議において、コンセンサス採択された。

2．世界では毎日約4500人の子供達がコレラ、腸チフス、下痢等の汚水に関連した病気で死亡しており、トイレや下水処理などの衛生分野における世界規模の取組が求められている。このような状況に対し、アナン事務総長が設置した国連「水と衛生に関する諮問委員会」は、故橋本龍太郎前議長のリーダーシップの下で本年3月に提言書「橋本行動計画」を取りまとめ、その中で国際社会は衛生に注意を向けるために「2008年国際衛生年」を国連総会決議で採択するよう呼びかけた。

3．「2008年国際衛生年」は、衛生についての人々の意識を啓発し、必要なリソースを動員し、更に全当事者が採るべき行動指針を示すことを目的としている。（後略[35]）」

2008年には世界各地で啓蒙行事が行われ、石鹸で手を洗う運動などが広がり、また衛生関連予算を増額した国もあり、WHOやユニセフなどが水と衛生に一層の力を注いだ。また、橋本議長の後任として諮問委員会の議長を務められていたオランダのウィレム・アレキサンダー皇太子（現国王）をはじめとする公人が率先してトイレについて広く公言し、タブーの打破に努めた。

2015年11月20日、国連「水と衛生諮問委員会」の最終報告書を発表する最終会合がニューヨークの国連会議場で開催され、日本の皇太子殿下（今上陛下）とウィレム・アレキサンダー国王が出席された。ウィレム・アレキサンダー国王は橋本議長の後任として議長就任を受諾する際、わが国の皇太子殿下（今上陛下）が名誉総裁に就任されることを要請し、それを受けて平成19年（2007年）11月1日から名誉総裁に就任されていたのである。ウィレム・アレキサンダー皇太子（当時）は第2回世界水フォーラム（2000年）において主催国オランダを代表された。わが国の皇太子殿下（当時）は「第3回世界水フォーラム（2003年日本開催）では名誉総裁をつとめられるとともに、記念講演『京都と地方を結ぶ水の道―古代・中世の琵琶湖・淀川水運を中心として―』をされ、第4回世界水フォーラム（2006年メキシコ開催）において基調講演『江戸と水運』をされるなど、国際的な水問題についてご尽力され」（国土交通省発表[36]）、ウィレム・アレキサンダー皇太子（現国王）とはご親交がおありなだけでなく、ともに水について造詣が深い専門家でもいらっしゃる。

その最終会合において皇太子殿下（当時）は英語でスピーチをされ、「2004年に創設されて以来、

14億人の人々が改善された飲料水にアクセスできるようになり、12億人の人々が改善された衛生施設にアクセスできるようになりました。1990年から2004年までと2004年以降とを比べると、飲料水については20%、衛生施設については30%も早いペースで改善が進んでいます。」とご指摘の上、故橋本議長がこの委員会の堅固な基礎を築き、橋本プランは諮問委員会の証しであること、また、ウィレム・アレキサンダー国王陛下の「数多くの成果の一つは、昨日開催された、世界トイレット・デーにみられるように、トイレと衛生施設について不浄なものだという考えを取り除いたことです。」と述べられた。さらに、「多くを実現してきましたが、私たちの前には長いみちのりがあります。6億6300万人の人々は改善された飲料水にアクセスできず、24億人の人々は改善された衛生施設を利用することができません。世界のリーダーは、持続可能な開発のための2030年アジェンダにおいて、新たな目標とターゲットに合意しました。」「私たちは立ち止まることができません。『全ての人のために水と衛生を』という目標に向けて、皆様とともに私も旅を続けていこうと思います。」とスピーチを結ばれた（宮内庁発表[37]）。

ウィレム・アレキサンダー国王は、2004年にアナン事務総長が諮問委員会を立ち上げたのは大胆な決定であった、当時はまだ、衛生、トイレ、清潔について人前で話すことは多くの場所でタブーであり、一部の人からは諮問委員たちは「大義のある反乱者たち」とみなされたが、皆個人の資格で自由闊達に議論し、そのオーソドックスでない進め方が良い結果をもたらした、と振り返られた[38]。

皇太子殿下（当時）のスピーチに言及されている「世界トイレット・デー」は、2013年に国連総会で採択された決議によって、毎年11月19日を「世界トイレット・デー」と定めたことを指している。これはシンガポールの成功した実業家ジャック・シム氏が世界の弱者と貧困層の代わりに声をあげ、その尊厳と健康のために戦うべく、２００１年11月19日に「世界トイレ機構（World Toilet Organization: WTO）」[39]を発足させたことにちなむ。当時シンガポールにおいてもトイレのことを人前で話すことは社会的タブーだったが、ＷＴＯは啓蒙キャンペーンや学校のモデルトイレの普及などの活動を続けた。その活動について次第に国際的認知が広がり、日本などが共同提案国となった２０１３年の国連決議は、国連加盟国、国連機関などが人々の行動を変えるよう奨励すること、貧困層のトイレへのアクセスを増大すること、屋外排泄をやめるよう呼びかけること、衛生問題をトイレそのものに限ることなくあらゆる角度から取り扱うべきこと、汚水と下水処理を行うことなどを決議した。

（4）力を合わせようとする国際社会

21世紀に入って、各国首脳は持続的開発について議論を重ねた。リオデジャネイロ地球サミット（１９９２年）の10周年で、ミレニアム開発目標（ＭＤＧｓ）国連特別総会の２年後の２００２年、地球環境保全と経済成長は矛盾すると考えるのではなく両方の目的をともに達成するにはどうすべきかを議論するために、南アフリカのヨハネスブルグで「持続的開発サミット」が開催された。その首脳宣言「持続可能な開発に関するヨハネスブルグ宣言」の「持続可能な開発への我々の公約」において世界の指導者たちは次のように、水と衛生についてあらためて約束をした。

「18．我々は、ヨハネスブルグ・サミットが人間の尊厳の不可分性に焦点を当てていることを歓迎し、目標、予定表及びパートナーシップについての決定を通じて、清浄な水、衛生、適切な住居、エネルギー、保健医療、食糧安全保障及び生物多様性の保全といった基本的な要件へのアクセスを急速に増加させることを決意する。同時に、我々は、互いに、資金源へのアクセスを獲得し、市場開放からの利益を得て、キャパシティー・ビルディングを確保し、開発をもたらす最新の技術を使用し、また、低開発を永遠に払いのけるための技術移転、人材開発、教育及び訓練を確保できるよう共に取り組む[40]。」

日本は水と衛生分野の開発支援で世界をリードしてきた実績があり[41]、ヨハネスブルグでは、先進工業国は率先して具体的な行動をしようと呼び掛け、アメリカとともに「きれいな水を人々へ——世界の貧しい人々へ安全な水及び衛生の提供に関する日米パートナーシップ」を発表した。アメリカは、西アフリカ諸国や世界の都市のスラムなどで具体的支援を、日本は、①給水率が比較的低い国・地域での安全な水供給。地下水開発などの水資源開発のモデル事業の実施、②給水率が比較的高い国・地域での自主的な水管理委員会の設置および女性が重要な役割を果たす住民参加のモデルづくりによる水管理能力構築支援、③人口が集中し下水道普及率が低い都市部での下水道整備、を約束した[42]。

こうした中で、政府、国際機関、学識者、企業およびNGOによって、包括的な水のシンクタンクとして「世界水会議（World Water Council）」[43]が設立され、1997年に第1回世界水フォーラムがモロッコで、2000年第2回がオランダ、2003年に第3回京都で開催されたのである[44]。また、2003年12月に国連総会は2005～15年を「『命のための水』国連の10年」と定めた。

このように2000年代に入ってから状況は改善していった。1990年とヨハネスブルグ・サミットの10年後の2012年を比較すると、改善された水源を利用する人々の割合は、開発途上地域全体で70％から87％になり、またサブ・サハラアフリカでも48％から64％になった。[45]

しかし、この統計を裏から見れば改善された水源を利用できない人々は途上地域全体で13％、サブサハラ・アフリカでは36％もいるということを示している。つまり、世界的には進捗が見られる一方で、サブサハラ・アフリカが取り残され、また世界の多くの国で農村部が取り残されていた。

そのため、今度こそ「誰も置き去りにされない」世界をつくろうと国連を中心に議論が続けられ、2015年9月に各国首脳が国連に集まり、MDGsのフォローアップとして2030年までに実現すべき「持続可能な開発目標（Sustainable Development Goals: SDGs）」を採択した。17の目標を掲げたSDGsにおいて、水と衛生は独立した項目建てとなり、「6．すべての人に水と衛生へのアクセスと持続可能な管理を確保する」[46]との目標が掲げられた。その具体的ターゲット[47]としてアクセス確保に加えて、屋外排泄をやめること、衛生に関して女性と女児や弱者に特に配慮すること、水の汚染の防止、水の効率的活用などを定めた。

水と衛生について国際社会がこのような目標を掲げた背景のひとつには、コフィ・アナン国連事務総長（在職1997〜2006年）の熱心な取り組みがあった。2002年のヨハネスブルグ・サミットにむけて、水、エネルギー、保健、農業、生物多様性とエコシステムの重要性を強調すべく、この5項目の頭文字をとってWEHAB（water, energy, health, agriculture, biodiversity）キャンペーンを推進したが、WEHABをよく見ればすべて水に関連する事項であった。[48]これが2004年にアナン事務総長が日本政府に国連「水と衛生に関する諮問委員会」を設立したいので、その分野に詳しい橋本龍太郎元総理を議長に迎えたいと打診してきた背景である。その大きな特徴は委員たちの構成にあった。橋本議長のほかアブ・ゼイド・エジプト水資源灌漑大臣兼アラブ水委員会・委員長、ウシ・アイト・ドイツ経済開発省副大臣など閣僚や地域のリーダー、マーガレット・カトレイ・カールソン元世界水パートナーシップ総裁・元カナダ国際開発庁理事長など開発援助関係者、デイビット・ボーイズ国際公務労連・国際業務調整官など労働組合、アントニオ・ネト・ブラジル上下水道サービス協会代表など公共事業者、さらにNGO、私企業など水にかかわる幅広い専門家が先進工業国、開発途上国を問わず集まり、自由に知恵を出し合う場であった。橋本議長は、闊達な議論を求めた。それは政府代表が国益達成のために、あらかじめ準備された演説を読み上げたり、非公式な根回しや時には裏工作をしたりするようないつもの国連の会議ではなかった。知恵を絞る、何をしたら世の中が良くなるのか、建前の発言はいらない、立場を越えて自由にものを言い合う。第1回のニューヨークでの会議で、このようなレールが巧みに敷かれた。

２００６年3月、同諮問委員会は「6つの重要分野において、世界が直面している問題に突破口を切り開こうとする」行動計画――「橋本行動計画」――を発表した。

○水事業体パートナーシップという協力の仕組みをつくること、

○水に必要な資金調達のための能力開発や地方の資金市場の開発を世銀などと進めること、

○衛生教育の促進・家庭の衛生設備・汚水処理に関する意識と政治意志及び能力の欠落を踏まえ２００８年を「国際衛生年」として種々の意識向上活動を行うこと、

○水関連の目標達成を目指した各国政府や国際社会による投資の実際の効果についてのモニタリングと評価を行うこと、

○各国が進めている統合水資源管理と水効率化計画の達成状況を２００８年に報告せしめること、
○水と災害に関し国際社会が予防のための実証された技術にもっと焦点を当てること、
○災害中あるいは災害直後の安全な水と衛生の即時の提供を確保すべきこと、など。

3　ガーナの挑戦

このように国際社会が動き始めた中で、開発途上国とて手をこまねいているばかりではない。アフリカにおいてもガーナのように大統領が率先して国民運動を起こした例もある。

野口英世博士が黄熱病の研究中に亡くなったガーナでは、コレラがしばしば流行し、下痢性疾患は国民の最大の死因であった。２０１０年の死因は多い順に、①下痢性疾患、②脳卒中、③冠動脈性心疾患、④ＨＩＶ／エイズ、⑤インフルエンザ・肺炎、⑥結核、⑦肺疾患、⑧マラリア、⑨交通事故、⑩腎臓病であった（ＷＨＯ年齢調整死亡率による）[49]。

ガーナ政府はこのような状況のもと２０１４年にマハマ大統領（当時）が毎月第一土曜日を「全国衛生の日（National Sanitation Day）」と定め、皆で外に出てゴミや汚物の清掃を行う国民運動を開始した。ここで、アフリカの国々において「国民運動」と言う場合、その言葉の持つ意味が私たちの感覚とは違うことに留意する必要がある。アフリカ大陸では、ヨーロッパによる植民地分割（１８８４～85年のベルリン会議）によって多民族・多言語・多宗教の異民族が植民地以前の王国の版図や民族分布とは無関係にイギリスなりフランスなりドイツなりの「植民地」の領域としてくくられてしまった因果が今なお残っているからである。[50] 1950年代から60年代の独立運動も旧王国の版図ではなく、ヨーロッパ各国の勢力版図ごとに闘わなければならないという現実があった。こうして今のアフリカ諸国においては、「国民」運動と一口に言っても事はそう簡単ではない。常に「何々国」の領域内に住んでいる人たちに向かって、「あなたは何々国の国民なのですよ」ということを言い続けなければならないからである。そのことを含めてガーナの「全国（national）衛生の日」の衛生面を越えた重みを理解するために、マハマ大統領（当時）が2014年10月31日（金曜日）に翌11月1日（土曜日）から「全国衛生の日」を立ち上げるために行った演説を邦訳の上全文紹介したい。[51]

「全国民の皆さん、我が国で厳しいコレラが発生しました。その結果何人かの国民が必要のない死で亡くなりました。毎年繰り返されるコレラの流行は不衛生な状況および受け入れることができない社会的・文化的慣習とインフラの不備とが相まって起きるものであります。このような死はまことに辛いものであり、受け入れることができません。

衛生は公共財であります。そしてそのインパクトは、その人の民族、政治、宗教あるいは地理的なバックグランドに関係なく、すべての人に及びます。このことが何を意味しているかと言えば、それは私たちが清潔で、安全かつ健康的な環境に住むことができるために必要な措置をとるため、ガーナ人として集団的責任を負っているということであります。政府は、全国で下水、上水供給、保健施設などのインフラ・プロジェクトに大きな投資を行っています。適切な衛生と清潔の実現を目指して私たちの行動と態度を変えるためのさまざまな公衆教育キャンペーンに加えて、政府は毎月第一土曜日を「全国衛生の日」と宣言することを決定いたしました。したがって、2014年11月1日は、11月の第一土曜日であり、「ガーナ全国衛生の日」の開始日でありますので、重要な一里塚なのでありま す。今週の土曜日から始まる「全国衛生の日」には、私たち全員がガーナ人として、清潔で安全な生活のために皆でそろって自分たちのコミュニティと近所を清掃しようではありませんか。

この「全国衛生の日」を実現するためにたゆまずご尽力くださったすべての方々、特に、地方政府・農村開発省、伝統的指導者、開発パートナー、宗教指導者およびメディアに感謝いたします。

すべての政治指導者、オピニオン・リーダー、特に、伝統的権威、宗教指導者、治安当局関係者、労働者、学生及びその他一般に認識されている組織の皆さんに、「全国衛生の日」に力を貸すべく、(明日の)初めての活動および毎月第一土曜日に多勢で完全に参加するようメンバーを動員していただくよう求めたいと思います。私達は、一つの統一された人々のコミュニティとして、私たちの住む環境とガーナをより清潔で安全にすることを助長するために一緒に働く必要があります。

皆様に神のご加護を」(傍線は筆者が付した。)

アフリカ諸国は先に述べたように言葉や国によっては宗教も(ガーナやナイジェリアなどは南部はキリスト教徒、北部はイスラム教徒)異なる民族が同じ国の中に住みながら国造りを行わなければならないという歴史的・政治的重荷を抱えているので、マハマ大統領の全国衛生の日の演説においても、「民族、政治、宗教あるいは地理的なバックグランドに関係なく」、「ガーナ人として」と強調しているのである。また、「宗教指導者」(キリスト教もイスラム教も)や「伝統的な指導者」(旧王族や族長のこと)にこれほどまでに気を使っている理由も理解しやすい。さらに「治安当局関係者、労働者、学生及びその他一般に認識されている組織の皆さん」に呼びかけているのは、彼らが民族や出身地ではなく職業とか同じ大学とかの別の基準で組織されている集団だからであり、いまだ市民社会が必ずしも成熟していない場合には彼らを動員することで「国民」の運動への参加を実現しやすいので、その協力を得ようとしているのである。

ガーナでは「全国衛生の日」運動開始後もコレラの流行は起きたが、その時首都アクラのある地区ではコレラ患者が出なかった。その地区にある学校の校長が日ごろからトイレの維持管理に意を用いており、子どもたちに衛生観念が浸透していたからだと言われている。同じ首都の別の地区ではコレラ患者が出たが、そこでは学校側による日頃からの衛生教育は行われていなかった。

ガーナは、ローリングス元大統領の尽力で民主主義が定着した国であり、現にマハマ大統領は任期満了で交代し、後任は選挙で選ばれて政権交代が実現した。現政権は「全国衛生の日」をさらに発展させ、2017年1月11日、アクフォ・アド大統領は新たに衛生・水資源省を設立した。

アメリカの疾病予防管理センター（CDC）によれば、2018年のガーナの死因は多い順に次の通りとなり、下痢性疾患は最大要因から8番目の要因に下がった。

①マラリア、②下気道感染症、③新生児障害、④虚血性心疾患、⑤脳卒中、⑥HIV／エイズ、⑦結核、⑧下痢性疾患、⑨交通事故、⑩糖尿病（CDC, GBD compare）[52]。

4 「安全な水」とはなにか

人が健康に生きていくために必要な清潔で安全な水を得ることに関連するいくつかの事例を見てき

たが、しかし「安全な水」とは何だろうか。

　1970年代からケニヤで食物栄養学の研究活動を行っていた岸田袈裟女史[53]（1943～2010年）は、1994年から国際協力機構の専門家として生活改善、人口問題に取り組んでいた。そうはいってもいきなり日本人女性が村に来て生活改善を説いても村人が耳を貸すわけではないので、一歩一歩村人の信頼を得るために健康診断などの地道な活動を重ねていた頃、岸田氏は故郷岩手県遠野地方で祖母が使っていた伝統的なかまどを思い出した。それは、サブサハラ・アフリカの村人が住む家の台所は屋内にはなく、屋外の地面に漬物石のような大きめの石を3つ置いて薪で煮炊きをする、調理は立ったまま腰を90度前にかがめて行う、という不潔でもあり主婦の健康にも良くない実態を何とかできないかと考えていたときであった。活動をしていたケニヤのビヒンガ州エンザロ村の女性農民リーダーに村にある土と水を捏ねてかまどというものができることを説明して関心があるか尋ねたところ、リーダーはやりたいと答え、さっそく一緒にリーダー宅の屋内にかまどを作った。かまどは前面に薪をくべる焚口が1つ、上面に鍋を置く口が3つ開いたもの。熱効率が地上のたき火よりも3～4倍良い、すなわち拾い集めなければならない枯れ木の量が激減し、調理も腰を90度曲げたまま行う必要がない。これを見た村の女性は我も我もとかまどを作り、村内250戸のすべての家に3か月ほどで広まってしまった。かまどの上の焚口の1つには蛇口をつけたツボを置いていつでも湯冷ましを飲める状況にした結果、エンザロ村で下痢と脱水による乳幼児の死亡がなくなった。洪水が起きてケニヤでコレラが流行した時にも、「遠野のかまど」があった村では死者が出なかった。こうしてケニヤでかまどの普及が加速していき、ケニヤ西部で10万戸を超す家でかまどがつくられた。留意すべきは、このかまどはつくり方を伝授しただけでケニヤの女性農民たちが自分たちで決断してつくっていったという点であり、日本からのお金は蛇口を贈与しただけである。また、子どもが亡くならないという結果を見た夫たちは妻の実力に感心し、こうしたことが女性のエンパワメントにもつながり、夫がかまどづくりを手伝う家庭や、妻だけにやらせていた畑仕事を手伝う夫も現れた。岸田袈裟氏が苦労していた生活改善においても、出生率が低下するという結果をもたらした（2000人のモデル村で0～5歳が285人生まれていたのに対して、かまどを始めてから135人に半減した）。岸田氏はバナナやトウモロコシの葉で草履を編む方法も教え、子どもたちが裸足ではなく草履を履くこと、特に排泄の時には必ず草履を履くことを説いて、怪我と感染症を減らすことにつなげた。

他方、「安全な水」については、私たちが気がついていなかった全く異なる概念もある。2004年7月の国連「水と衛生諮問委員会」第1回会合において、橋本議長は次のように発言した。

「私は、第3回世界水フォーラムのときに行われた子どもフォーラムを通じて、『安全な水』についてまったく異なったイメージを持つ人々がいることを知りました。日本の子どもたちは『安全』な水イコール『衛生的な水』というイメージを持っています。しかしながら、チャドやシェラレオネの子どもたちは、水を汲みに行くという行為そのものが安全を脅かすもの、すなわち、水は女性がレイプされるかもしれないという危険を冒して取りに行かなければならないもの、というイメージを持っています。さらに、シェラレオネでは、1800人規模の学校に女性用トイレが二つしかなく、そのうち一つは先生用であるという実例があり、こうした状況が周囲の環境汚染や女性の健康を阻害する要因となっています。ミレニアム開発目標の一つである『すべての児童が男女の区別なく初等教育課程を確実に終了できるようにする』ためには、学校のトイレ等の設備を改善、安心して学校に通うことができるようにすることも大切なことでしょう。[54]」

極度の貧困、女の子が水汲み、薪拾い、子守りを家庭内で担うこと、女性に対する差別的慣習、年端もいかない女の子が12、13歳になると父親ほどの年齢の男に結婚させられることなど、女子教育の前には幾重もの壁が立ちはだかって来た。しかし、1990年に始まった「万人のための教育」運動、さらにミレニアム開発目標（MDGs）や持続可能な開発目標（SDGs）が進められる中で、初等教育就学率の男女比率（小学校に入学する男子と女子の差）は狭まってきている。ただ、西部・中部アフリカ、南西アジアなどは取り残されており、パキスタン北部スワート地方出身のマララ・ユースフザイさんが女子教育を訴えたがゆえにタリバンに狙撃されても口を閉ざさず、後に2014年のノーベル平和賞を受賞したことも記憶に新しい。世界では1600万人の女子は1日も学校に行くことはなく、また世界の非識字の成人7億5000万人のうち3分の2は女性であるとユネスコは指摘している。[55]また、小学校に入学する男女比が均衡に近づいている一方で、卒業率には依然乖離がある。多くの途上国で高学年になる頃に女子のドロップアウトが増えるからであり、その理由は生理が始まっても学校にトイレがないからであると指摘されている。留意すべきは、学校にトイレがないのはシエラレオネなどのサブサハラ・アフリカ諸国に限られないということであり、例えば開放政策導入後の中国においてすら学校の女性用トイレは不十分で、昼休みの間に急いで帰宅してすぐ学校に戻るなどの苦労をしていた。これは中国人女子学生から直接聞いた体験談である。

そして日本での安全な水とはなにか。日本の経済成長の過程における水と食物連鎖にからむ最大の悲劇は水俣病[56]、第二水俣病とイタイイタイ病である。四大公害病[57]のうち3つが水関連である。化学工場からの排水がメチル水銀化合物を含んでいたこと、鉱山がカドミウムを川に流したこと。それが八代海沿岸、阿賀野川流域、神通川流域で多くの人の人生と命を奪った。水銀が化学工場の川下の湾に住む魚に蓄積してそれを日々食する人々が神経疾患を発症する。カドミウムを含んだ水で耕されたお米を食べた農民、特に女性の方々がちょっとした動きで骨が折れてしまい激痛に苦しむ。裁判では厳しく企業責任が追及されたが[58]、患者ご本人、そのご家族、命のみならずその人生を奪ったことの残酷性について私たちは忘れてはならない。

5　やればできる

(1)「プノンペンの奇跡」

では、「安全な水」の供給を途上国に期待するのは無理なのだろうか。東南アジアで蛇口の水を飲める街が2つある。ひとつはシンガポールだと聞いても驚かないが、もうひとつがカンボジアの首都プノンペンだと聞くと、正直驚愕する。カンボジアと言えば、あのポル・ポト政権が国民の4分の1を虐殺し、国家のインスティテューションを壊滅させた国である。内戦が終結した後、明石康国連事務総長特別代表の率いる国連カンボジア暫定統治機構が新しいカンボジアの建国に努めていた当時、ヘリコプターから見た国土は一面クレーターでおおわれていた。爆撃、砲撃、地雷によるものである。プノンペンの浄水設備もほぼ壊滅していた。そこから始まったと言うのに、今日のカンボジアの首都では単に水が出るのではなく、上水道が「安全な水」を供給している、それはなぜだろうか。

ゼロからの国造りを始めたカンボジアは、安全な水の供給を優先的な国家開発目標とした。カンボジア政府からの要請にこたえて日本は、多くの上水プロジェクトを実施してきている。その中で、水道設備の再建のみならず人材育成を日本政府、国際協力機構（ＪＩＣＡ）と北九州市がタグを組んで営々と行い、それにカンボジア人の新しく生まれた技師たちが黙々と答えた結果、プノンペンが東南アジア最高水準の安全な水を供給するにいたった。[59] ＪＩＣＡが１９９３年にプノンペン市の給水マスタープランをつくった当時「プノンペン市内の20％が一日８～10時間の給水に接続していただけであったが、２０１１年には地域的に90％のカバー率を達成、毎日24時間給水を実現し、漏水も72％から６％に減り水道料金徴収率は48％から99・９％となった。[60]」この間、プノンペン水道公社はマグサイサイ賞（２００６年）やストックホルム産業水大賞（２０１０年）を受賞した。

この安全な水の供給の特色はカンボジア人の人材育成である。１９９３年に日本は世界銀行やアジア開発銀行とともに水道インフラの再建を開始し、１９９９年、北九州市上下水道局がプノンペン水道公社に対し技術指導を始め、水道の管理方法を水道公社のカンボジア人職員に教えていった。[61] 筆者がプノンペンのプンプレック浄水場を訪問した際（２０１４年）には、北九州市から派遣された専門家川嵜孝之氏（２０１２～15年派遣）の指導を受けつつもほとんどがカンボジア人の職員が水質管理から水道公社の運営までを担っており、今日ではさらに８つの地方の水道当局の職員の訓練をプノンペン水道公社のカンボジア人職員が仕事として引き受けている。川嵜専門家は、「人を育てるには時間がかかります。職員にしても、日本人からこれまでのやり方を否定されるのには強い抵抗感があります。しかし、適切でない経営を続けていれば、いつかは破綻します。日本がいつまでも支援を続けられるわけではありません。重要なのは、カンボジア人自身が研修システムを作っていくこと。安定した水道事業を実現するには、設備の維持管理とともに、人材を育成し続けていくことが必要なのです。[62]」と指摘している。

技術支援を20年続けている北九州市は、短期・長期合わせて延べ77人の専門家を派遣し「プノンペンの奇跡」に貢献した。他方「自治体である以上、北九州市民に役に立つことも求められる[63]」。2010年に官民連携組織を設立し、市内企業の関連技術の輸出も進めている。2010年にそれまで対カンボジア支援1位だった日本を中国が抜き、道路、港湾、橋などを建設、「『もはや金額で張り合える相手ではない』とJICA関係者は言う。しかし、プノンペンの水道が安全なのは『日本のおかげ。みんな知っている』とカンボジア人男性（34）は強調する。施設を作って終わりではなく、維持管理できるような人材まで育成するのは日本流の国際支援。広瀬さん（筆者注：北九州市派遣の専門家）は『これからも現地の職員の横に立って仕事をしたい。粛々と、私たちのやり方で』と語った。[64]」

他方、下水処理については遅れており、筆者がカンボジア関係者と面談した時点（2014年）では、東京23区の広さがあるプノンペンで下水処理場がひとつもなかった。プノンペンが見舞われる洪水対策にまず取り組んで市内の道路の排水管の更新などは日本の協力で行っていたが、工場排水は処理されないままプノンペン南郊の沼地にすべて流れ込み、そこからバサック川に流れ込んでいた。農村部の衛生については、長年の戦争で道路などのインフラ整備を優先せざるをえなかったことなどから、開発援助国も関心を示してこなかったと農村開発省のメン長官（当時）は指摘したうえで、

2025年までに衛生施設へのユニバーサル・カバレッジを目指していると語った。[65]
こうした状況のもと、2019年にプノンペン初の下水処理場を建設する無償資金協力を日本がおこなうこととなった。[66] プノンペンでも特に水質が悪化しているチュングエック湖の周辺地域に建設するものである。

(2) 企業・NGOの力

開発途上国の水と衛生の分野の立ち遅れに関して、現場と技術に強い企業やNGOが具体的な成果を出し始めている。社会貢献の観点からの活動とともに、ビジネスとして成立させている企業もある。BOP(Base/Bottom of the Pyramid, 世界の70数億人の人間のうち低所得層、年収3000ドル以下、約40億人)を貧困層とみなすのではなく40億人の市場だと位置づけて商品開発をしていくという考え方によるBOPビジネスが次第に浸透してきていることがあげられる。

水に関するBOPビジネスの開拓者として、また成功者としても知られるのは、日本ポリグル株式会社[67]である。同社は泥水に凝集剤・浄化剤を混ぜで撹拌すると不純物が沈殿して安全な水ができる技術と製品を開発、また廉価な浄水装置も製作している。浄水装置は、ソマリアの2万人が身を寄せる難民キャンプに国際移住機関(IOM)の依頼で設置した。またバングラデシュでは7500世帯への水供給用に浄水装置を設置したが、留意すべきは事前に地元の女性たちに、1日20リットルで毎月2ドルの費用がかかること、また水は10リットル3円で売られることを現地で雇用した女性(ポリグル・レディー)が説明して、女性たちが賛成すればつくるという手順を踏んでいることである。タンザニアでは現地で雇用した男性（ポリグル・ボーイ）が浄化した水の20リットル缶6個を自転車で運び、2時間かけて売っており、1日2回で約1万3千円の収入となる。このようにして活動を広げ、約40か国でビジネスを展開し、約80万人の人々がポリグル社の水を飲んでいる。また、訪問販売と集金を担当するポリグル・レディーと水運搬と販売を担当するポリグル・ボーイは合わせて800人に上り、雇用創出や女性のエンパワメントにもつながっている。

衛生施設についても企業やNGOの力が認識され始めている。内閣官房が主催する「日本トイレ大賞」の平成27年（2015年）9月の表彰式では28の組織が受賞した。[68]

その中の株式会社LIXILは、独自開発した無水型循環トイレ「セーフトイレ（Safe Toilet: SATO）」をバングラデシュ、ウガンダ、ハイチ、マラウィ、フィリピンに寄贈する活動や、ケニヤ、中国、フィリピン、ベトナム、インドで学校のトイレを改善し衛生教育を進める活動などが受賞対象となった。同社は2013年の第5回アフリカ開発会議（TICAD5）のサイドイベントで水を使わないトイレを出展、こうしたことがきっかけでJICAが立ち上げたばかりの「民間技術普及促進事業」として同社との連携が実現した。両者は2015年までケニヤで循環型無水トイレシステム（おが屑に排便して排泄物を発酵させて堆肥にする）の実証実験を行い、その後アフリカでのビジネスが進んでいった。2016年には国連ハビタットの入札に参加し、ケニヤのカロベイエイ難民居住地（想定人口6万人）に水を使わないトイレを受注した。ビジネスとしてはSATOの価格を1台数ドルに抑え、ケニヤ、タンザニア、ウガンダなどアフリカ15か国、世界27か国に出荷している。[69]このような援助機関と民間企業の連携の背景には、途上国の開発は援助に依存するだけでは進まないという援助関係者の認識の高まりと、チャリティー活動には時限があるがビジネスとして成立する活動は続いていくという企業側の発想があった。このため、現地のニーズをとことん検証しつつ、廉価でかつアフリカには水がないという実情を踏まえた製品を開発したのである。ここでもＢＯＰビジネスの発想があった。

また、ＬＩＸＩＬのチャリティー活動での特色は、日本の消費者が参加できる方法を考えたことであり、２０１７〜18年にはＵＮＩＣＥＦやＵＮＨＣＲなどの国連機関やWaterAid、BRAC、Bhutan Toilet OrganizationなどのＮＧＯと組んで「みんなにトイレをプロジェクト」（ＬＩＸＩＬの一体型シャワートイレが1台購入されるたびにＳＡＴＯトイレ1台を開発途上国に寄付する）を進めた。同活動で、インド、ミャンマー、ブータン、バングラデシュ、タンザニア、ルワンダなどで、家庭、難民キャンプ、学校などにＳＡＴＯトイレを設置していった。ペットボトルなどに汲んだごく少量の水で流した後蓋が閉まるので匂いがせずまた蠅がたからないのでこれまでのようにトイレは不潔で臭い、怖い所というイメージがなくなり、人々にトイレを清掃しようとする意欲が生まれ、さらにはトイレを美しく飾る人も出てきている[70]。

6 日暮れて道遠し

「水と衛生」に関する国際社会のコンセンサスである（はずの）「持続可能な開発目標（ＳＤＧｓ）」は具体的には何を決めたのだろうか。２０１５年9月25日に各国首脳によって国連総会で採択された文言の主要部分見れば次のとおりである。[71]

「目標6　すべての人々の水と衛生の利用可能性と持続可能な管理を確保する

6・1　2030年までに、すべての人々の、安全で安価な飲料水の普遍的かつ平等なアクセスを達成する。

6・2　2030年までに、すべての人々の、適切かつ平等な下水施設・衛生施設へのアクセスを達成し、野外での排泄をなくす。女性および女子、ならびに脆弱な立場にある人々のニーズに特に注意を向ける。

6・3　2030年までに、汚染の減少、投棄廃絶と有害な化学製品や物質の放出の最小化、未処理の排水の割合半減及び再生利用と安全な再利用を世界的規模で大幅に増加させることにより、水質を改善する。（中略）

6・b　水と衛生に関わる分野の管理向上への地域コミュニティの参加を支援・強化する。[72]」

ここにいう6・1（安全な水）および6・2（適切かつ平等な下水施設・衛生施設）は具体的には何を言っているのだろうか。WHOの解説によれば、「安全に管理された飲料水」とは、①自宅で入手できる、②いつでも必要なときに入手できる、③細菌および化学的に汚染されていない、との3つの条件をすべて満たす水、を意味する。[73] ユニセフとWHOによるデータでは、世界では21億人が「安全に管理された水」を入手できず、そのうち8億4400万人は基本的な飲み水さえ入手できず、その中で2億6300万人は水汲みの往復に30分以上かかり、1億5900万人は地表水（河川、ダム、湖、小川、灌漑用水）で未処理の水を飲んでいる。[74]

6・2の衛生についてはWHOは次のように定義している。
「○アクセスとは、自宅に近く簡単に行くことができて必要な時に使用できること。
○適切とは、排泄物が人間に触れないように衛生的に隔てられ、現場で安全に再利用／処理されるか、他所へ安全に運搬され処理されること。
○平等とは、人々のサブグループ間の不平等の段階的削減と撤廃のこと。
○下水施設とは人間の排泄物を安全に管理し処分する設備とサービスの供給のこと。
○衛生とは、手洗い、月経衛生対処、および食料品の衛生を含む、健康を維持することを助け、疾病の拡散を予防する条件と実践のこと。」など。[75]

ユニセフとWHOは、「世界80か国において基本的トイレの普及に関する進捗があまりに遅く、このままでは2030年までのSDGsの目標の達成はできないだろう」と指摘し、「安全に管理されたトイレを使用できない45億人のうち、23億人は未だに基本的なトイレさえ使用できていない。そのうち、6億人は他の世帯と共有のトイレを使用、8億9200万人（その大半は農村部で暮らす）は屋外で排泄している。サハラ以南のアフリカやオセアニア（大洋州）では、人口増加によって、屋外排出を行う人の数は増えている。」と発表した。[76]

こうしてあらためてSDGsを読み直してみると、水と衛生に関して2030年までに、すなわちあと10年もない期間でしなければならないと世界のリーダーたちが約束した野心的な目標を、誰がどうやって実現するのだろうか、との素朴な疑問がわいてくる。目標達成を目指して頑張っている諸国、地方公共団体、市民団体、NGO、企業も多いが、他方において、ユニセフとWHOが指摘したトイレの普及が遅れている80か国は何を実行してきたのだろうか。また、例えば目標6・6には「2020年までに森林の生態系の保護・回復を行う」と定められているが、アマゾンの熱帯雨林開発（伐採）に邁進するブラジルの大統領がこの約束を実行したとは承知していない。

このように、世界各地で現実に起きている（あるいは起きていない）ことに思いを馳せるとき、国連の強みと弱点の双方が浮かび上がる。国連の強みとは、国連こそが第2次世界大戦後の国際社会のルール作りの最高峰であるという事実であり、また国際社会の「常識」を醸成する場であるということである。他方、弱点としては、各国の国連代表部の優秀な人たちが議論して投票・決議する前に本国の権限ある行政機関や立法府と十分なすり合わせが行われない限り、ニューヨークにいる代表たちと彼ら／彼女らの首都にある政府は「別世界」に属する、すなわち決議の具体的なフォローアップはされにくい、ないしは全く実行されないということになる。SDGsのようにニューヨークの国連総会という場に各国首脳自らが集まって決議をしたものであっても、その決定内容が国連加盟各国それぞれの政策、法令、行政、国家予算に具体的に反映されない限り、その国で具体的行動が行われることも、結果が出ることもない。華やかな国連会議場で満場の拍手を受けると魔法のように世の中が変わるわけではないし、「画餅」を眺めていても飢餓の撲滅もトイレの建設も実現はしない。そしてニューヨークの国連本部の水洗トイレを使う人の祖国では雉を撃つ（屋外排泄の隠語）悪習が変わらない。

アラブの砂漠で人々はこう言う、「約束は雲、実行は雨」。

と言ってはみたものの、SDGsが目標とする17項目（①貧困撲滅、②飢餓撲滅、③保健、④教育、⑤ジェンダー平等、⑥水と衛生、⑦エネルギー、⑧成長・雇用、⑨イノベーション、⑩不平等をなくす、⑪住みつづけられる町作り、⑫生産と消費（作る責任・使う責任）、⑬気候変動、⑭海洋資源、⑮陸上資源、⑯平和、⑰パートナーシップで目標を達成）を見ただけでも、目が回りそうになりながら山ほどやらなければならないことがある開発途上国の国造りにおいて、何から順に予算配分の優先順位をつけるのか、そして国家予算の決定を誰がどのようにやるのだろうか。そもそも、国家予算の前提となる国内税の徴収システムが確立していない国はどうやって歳入を確保してきたのだろうか。ここに国境でモノの動きを把握しやすい輸入品への高関税賦課や賄賂の強要の素地が生まれる。開発途上国に石油や天然ガスが噴き出すと一見幸運で良いことのように思う向きが多いが、筆者は異なる実感を持っている。税務署などの国内の行政機構が確立しておらず、権力者に対するチェック・アンド・バランスの制度も脆弱な場合、にこやかに近寄ってくる外国の資源開発会社が支払うロイヤリティーに安易に走り、それが打ち出の小槌となれば腐敗の温床になりやすいばかりか、国造りのための適切な予算配分も行われにくく、見せかけの経済成長の統計が独り歩きする、あるいはアンゴラのように借金のかたに石油は中国に流れていくことになるのである。

このような現実を踏まえて国造りでやるべきことは何かと突き詰めていくと、行きつくところはガバナンス（良い統治）を実現するための人材育成の重要性である。しかしそれは一朝一夕にはできないので、それまでの間足らざるを補うという意味でのＳＤＧｓの目標17にいうパートナーシップをどのように機能させるのか、についても考える必要がある。

念のため述べれば、実行が重要だとの認識が国際社会になかったわけではない。現に、水については２０１６年秋の国連総会において、２０１８年３月22日（世界水の日）から２０２８年までの10年間を「国際行動の10年『持続可能な開発のための水』[77]」と定めた。ＳＤＧｓの目標達成のために、水の総合的管理、プログラムやプロジェクトの実施、協力とパートナーシップの水準向上など様々な行動をすることが約束されている。ただし、ここに言う協力とパートナーシップとは何かについては吟味していく必要がある。あらゆる関係者に敬意を払いつつ筆者の長年の経験に基づく正直な懸念を述べれば、もし、これが水と衛生の厳しい状況に直面し続けている途上国が自分のやるべきことをやらないで「チョコレートちょうだい！（Give me chocolate !）」と二国間援助国や国際機関などに言い続けることを正当化するための約束だとすれば、ＳＤＧｓが達成される可能性は低くなる。逆に、人造りをはじめとして自国ができることを粛々と実行し、その足らざるところを協力とパートナーシップで補っていこうということであれば、自助努力とパートナーシップが両輪となって噛み合い、ＳＤＧｓの目標に近づいていく可能性は高まる。そのとき、特にヨーロッパの旧宗主国が旧植民地に相変わらず「上から目線」で接するのか、それとも相手を一人前の主権国家として敬意をもって接するのか、国際場裏では誰も表立っては言わないが、実はこのことこそ開発において留意すべき点ではないかと筆者も長年感じてきた。

コラム6　奈良と和歌山の水紛争を治めた国家プロジェクト

奈良県・和歌山県　十津川・紀の川総合開発（吉野川分水）

300年にも及ぶ大和の悲願、紀州の苦悩。

本地区は、大和平野（奈良県）と紀伊平野（和歌山県）の2県の受益からなる。特に、大和平野は、年間降水量が1300ミリ程度と全国的にも少なく、古くから恒常的に干ばつに苦しむ地区であった。また、紀伊平野では、最上流に非常に雨の多い地域である大台ヶ原（奈良県・三重県の県境）があるため、一級河川紀の川（奈良県下では吉野川と呼ばれている）は河況係数3740（最大流量と最小流量の割合）の日本一大きい川として、雨が降れば大洪水、日照れば大渇水となっていた。

水量の豊富な吉野川から取水して、大和平野に通水する吉野川分水計画は、大和平野農民の悲願であった。最初は、江戸初期の元禄年間（1688〜1703年）、葛城郡名柄（今の御所市）の高橋佐助によって提案された。佐助は「山を越せば、吉野川に豊かな水がある。あの水を奈良盆地に引けたら、水不足に悩まず、米作りができるのに」と考えたが、叶わぬ夢であった。

その後も、大和平野の人々は諦めることなく、分水計画が調査検討された。明治初期になると、奈良県は吉野川分水の代案である宇陀川分水（木津川水系）の計画を立て工事を開始したが、事業半ばで挫折した。何としても大和平野へ水を引きたいという悲願、余剰水でも洪水時の水だけでも分けてもらえないかと再三にわたる交渉を重ねたが、いずれも紀伊平野側の紀の川の水が減ることへの根強い反対、金融恐慌による財政事情等により計画は頓挫した。

しかし、大和平野側は諦めず、反対を唱える紀伊平野の農民の実情を知ることが必要と考え、紀伊の水需給を調査した。その結果、紀伊は渇水と洪水に悩んでいることが判明し、計画が持ち上がるごとに、反対してきた紀伊平野の農民の真意がわかった。このことから、「吉野川分水」は、大和だけではなく、紀伊平野の渇水と洪水をも解決する総合的な計画でなければ実現は不可能である、という認識にいたった。

これは、戦後の国土復興としての「十津川・紀の川総合開発計画」となり、結実する。1950年（昭和25年）6月、事業着工に関する協定が、国の立会いの下、奈良県・和歌山県により正式調印された。協議が元京都祇園歌舞練場（プルニエ）で開かれたことから、協定は「プルニエ協定」と呼ばれている。悲願達成。まさに歴史を動かした。1952年（昭和27年）、十津川紀の川土地改良事業に着手、ついに吉野川分水の工事が始まり、実現した。

十津川・紀の川総合開発計画では、紀の川水系に大迫ダム、津風呂ダム、山田ダム、十津川水系に猿谷（さるたに）ダムを築造することで水源を確保し、下渕頭首工、導水路を築造して大和平野へと流域変更を行い、西吉野頭首工、紀の川用水路の築造および、紀の川沿いの複数の井堰を近代的な堰に統合して紀伊平野に安定的な農業用水の供給を行う、両県に受益の及ぶ国家プロジェクトとなった。

近年は、第二十津川紀の川土地改良事業および大和紀伊平野土地改良事業等により、築造された施設を更新し、地域の水を安定的に確保している。併せて、近年頻発する大雨等に対応するため、和歌山平野土地改良事業等により、地域の排水対策にも取り組んでいる。

（地域にまつわる言葉）
「大和豊年　米食わず」（不明（大和地域の言い伝え））

江戸時代から大和が豊作の年は、他の地域は雨が多すぎ洪水等に見舞われ、米の需要が多くなり、大和の米も他の地域に供給されて食べられないと伝えられてきた。この様なことからも、大和平野の用水不足が伺われ、それを解消したのが吉野川分水と言えよう。

（写真）紀伊へ流れる紀の川（吉野川）から大和へ取水する下渕頭首工

近畿農政局農村振興部「下渕頭首工」（https://www.maff.go.jp/kinki/seibi/sekei/kokuei/shimobuchi.html）

第6章　青い鳥——水と希望

1　水と火と人口爆発

(1) 水と火から生まれた産業革命

人類は誕生以来水とかかわって生き、水のお蔭で生きぬいてきた。水源としての水、集落ができる場としての水辺、交通の場としての川、湖や海、漁場としての湖や川や海。水を人間の生活に「役立たせる」ために、水道橋を築いて生活の場を広げたり、水車で水のエネルギーを活用したり、広域にわたる運河網をつくったりしてきた。水は国造りにも大きな役割を果たし、スイス連邦の盟主となったベルンは湖の国の水軍強国であったし、アフリカのニジェール川に水軍を浮かべたソンガイ帝国は16世紀末まで繁栄を極めた。ヨーロッパが世界制覇しえたのは海に浮かべた砲艦の威力によるものであり、イギリスが大帝国を築いたのはライバルのヨーロッパ諸国を海軍力で破っていったことによる。他方、人間は言語を使い、道具を使い、そして火を恐れないことがほかの動物とは異なる特徴である、と昔学校で習った。

「二本の足で直立して歩き、石を打ち欠いて作った石器を道具として使っていた人類の遠い祖先、人というにはあまりにも原始的な猿人や原人が、初めて火を使った形跡を残すのは、今から一四〇万年前だといわれています。それ以来、人類は長い年月をかけて火を利用する技術を身につけ、火の持つ力を生活の中に取り入れて、その時々の文明を作り出してきました。そして、現在のような、機械文明といわれる豊かな生活にあふれた文明が生まれたのは、蒸気機関が発明され、産業革命によって工業社会が形成されたせいぜい二〇〇年前からでしかありません。[1]」磯田浩氏は絶筆『火と人間』においてこう述べた上で、蒸気機関など水と火の組み合わせなどによる人間の歩みを詳述している。

火の力を今日私たちが発電のみならずあらゆる産業や日々の生活で活用できているのは、水が火の力を引き出したからだと気がつかされる。さらに、そのような水と火の組み合わせが生みだした人類史の転換にも気がつく。それは、水と火を人間が組み合わせたことによって起こした産業革命以降、人類が爆発的に増加したという史実である。「世界人口白書2021」によると、2021年の世界人口は78億7500万人で、前年に比べ8000万人増加した。[2] これは考えようによっては恐ろしいことである。十数万年前にホモ・サピエンスが登場して以来、ずっと長い間人間はたいして数を増やしては来れなかった。人々は自然の懐に抱かれて、あるいは自然の脅威のもとで、別の言い方をすれば森羅万象に畏怖を抱きながら生きていたのではないだろうか。

世界人口の推移　人類誕生から2050年までの世界人口の推移（推計値）

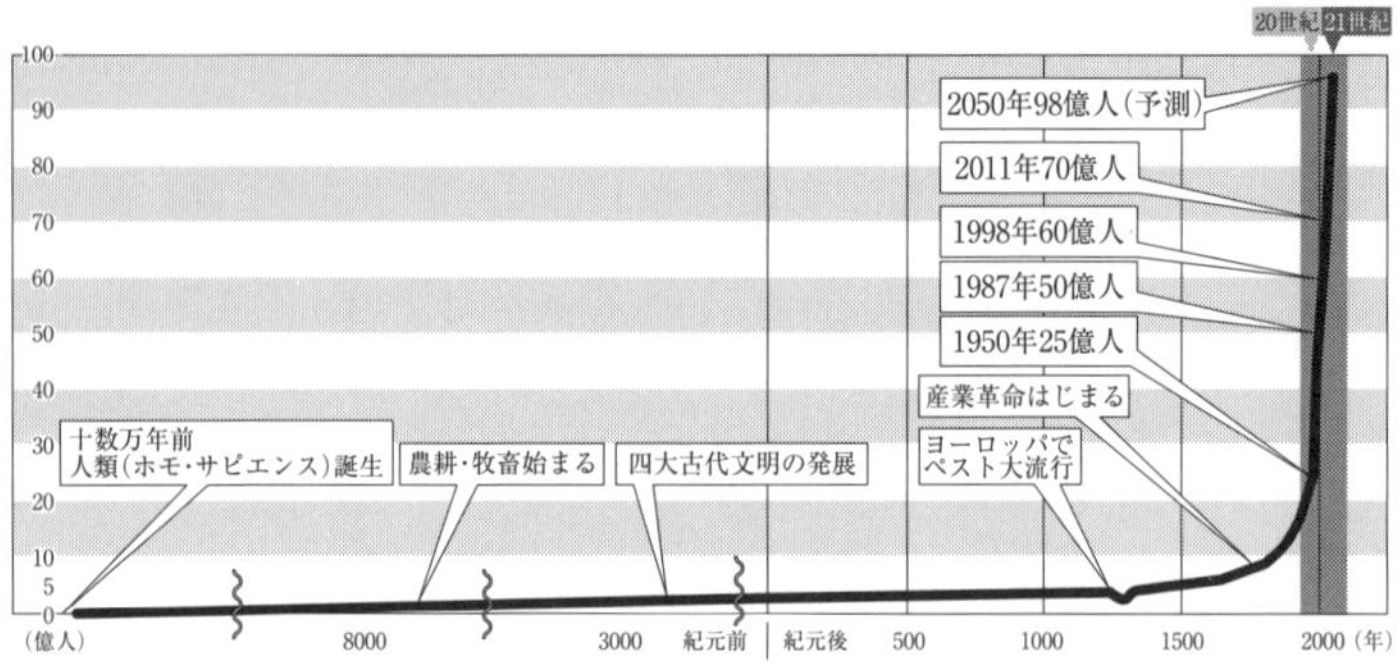

出典：国連人口基金駐日事務所（https://tokyo.unfpa.org/ja/publications/%E4%B8%96%E7%95%8C%E4%BA%BA%E5%8F%A3%E3%81%AE%E6%8E%A8%E7%A7%BB%E3%82%B0%E3%83%A9%E3%83%95%EF%BC%88%E6%97%A5%E6%9C%AC%E8%AA%9E%EF%BC%89）

（2）人口爆発と強者の正義

ところが、産業革命が事態を大きく変えた。19世紀初めに10億人に達したと推計される人間は、１５０年後の１９５０年に25億人、その37年後の１９８７年に倍の50億人、その11年後の１９９８年に60億人になり、２０１１年には70億人になった（上図参照）。２０５０年には１００億人近くになることが予測されており、約２０００年で10億人から６倍になった人類は、約２５０年でほぼ10倍になる。人生１００年といわれる今日、１人の人間が生きている間に世界の人口が倍々ゲームのように増えていく。恐るべき速度で進む人口爆発が地球の現実、少子高齢化・人口減少を憂える日本でも、そこにいたる経緯を見直せば幕末から１５０年で人口が3倍になってこの列島に住んでいる。

急速に人間の数が増える中で、人はどこに住み、どのように生計を立て、そしてどのように自然とのバランスを維持してきたのだろうか。目もくらむような人口爆発の渦中では、人々は自ら生きるのに必死にならざるをえないのが実情ではなかっただろうか。人間と自然とのバランスを維持するための前提とも言える自然への畏怖、自然への敬意、自然へのたおやかな微笑みを日々の生存競争や活動の中で持ち続けることは可能だったのだろうか。今はどうだろうか、これからはどうだろうか。

産業革命以来、科学や医学も飛躍的に発達し続け、自然の驚異は少しずつ克服されていった。そして、人間は自然をコントロールできるとの思いが強くなり、また人口が増大していく中で、国力と人口を結びつける思想も生まれた。ヨーロッパ列強が世界中を支配しアジアとアフリカにはほとんど独立国が残らなかった19世紀のいわゆる帝国主義の時代に、なんとか生き残りを図ろうとして日本では「富国強兵」、「産めよ・増やせよ」の号令がかかった。内閣府によると、1872年（明治5年）に3480万人だった日本の人口は、1912年に5000万人を超え、1936年に2倍の6925万人、そして明治元年（1868年）から100年目の1967年に1億人を超えた。[3]

人口増加による余剰人口は、イギリス近代史に典型的に見られたように、都会に流入し、さらに海外のよその民族の土地に流出していった。Farmer George とあだ名されるほど熱心に土に親しみ農業革命を起こした国王ジョージ3世（在位1760〜1820年）のもとでノーフォークの4輪作（小麦、蕪、大麦、クローバーを4分割した畑で4年かけて一回りさせる）が広まり、その結果地味回復のための休耕をする必要がなくなるとともに家畜飼料を収穫できるようになった。こうして家畜が冬を越せるようになって農民の食糧事情が大幅に改善した結果、農村人口が大幅に増加し、余剰人口が都会に流れて産業革命を担う工場労働者となった。また、イギリス人は別の大陸に住んでいる民族を殺戮してその土地を奪いオーストラリア、ニュージーランド、ケニア、ローデシア、ケープ植民地などに「入植」していった。[4] しかし、現代の国際社会においてこのような力づくの人の移動の方策をとる国があるだろうかと考えれば、イスラエルのほかは旧ソ連でのロシア民族の他の連邦構成国への移住、中華人民共和国での漢民族の若い男性のチベットやウイグルなどへの強硬移住のほかは、思いつかない。

今日、国境を越える人の移動の要因は、人口爆発、経済的動機、難民として逃れるものなど多岐にわたるが、その原因の如何を問わず、また正規の移民か非正規であるかを問わず、多くの国で社会的、政治的摩擦を引き起こしている。それは開発途上国から先進国に向かう人々のみならず、先進地域内部においても同様である。英仏において東欧からの就労者が職を奪うとして反感が強まり、「ポーランド人の鉛管工（Plombier polonais, Polish plumber）」が外国人労働者排斥のスローガンとなった。このような排斥の気運が、イギリスの国民投票におけるＥＵからの離脱（ＢＲＥＸＩＴ）派を勝利に導き、ポピュリストのジョンソン氏が政権を奪った一因となったことも記憶に新しい。

（3）華の都の夢のはて

他方、国内で起きている人の移動に目を向けると、アジア、アフリカを筆頭に世界の多くの地域で共通するのは加速度的に進む農村部から都市への人口流入である。その結果、都市と農村部の格差に加えて、都市内部におけるスラム地区と極度の貧困が深刻な問題となっている。

国連によれば、農村部から都市への人口流入の結果、２０１８年には世界の55・３％の人間が都市に住んでいた。今後、２０３０年までに都市人口は60％に増え、また3人に１人は人口50万人以上の都市に住むと推測されている。[5] しかし新規参入者が都会にやって来ても、常に仕事があるわけではない。世界各地でスラムが雨後の筍のように増え、そこでは安価で清潔な住居はなく、下水はおろか飲料水すら整備されていないことは先に述べたとおりである。問題を解決しようにも、途上国の多くでは都市行政を担う人材育成が間に合わず、たとえ解決への意欲がある場合でも人口流入に見合った都市インフラ整備が資金不足により間に合わない。貧困層に手を差し伸べるべき福祉政策は存在しないか、かりにあったとしても脆弱で具体的結果を伴わないことが多い。ドブとゴミ捨て場にしか見えないようなところに多くの人が住んでいる現状をどう打破していくのか、途上国のみの問題とみなすことはもはや問題解決に資するものではない。

「持続可能な開発目標（ＳＤＧｓ）」の第11目標として「持続可能な都市（住みつづけられる都市づくりを」を掲げたのはこうした背景による。

国連開発計画（ＵＮＤＰ）はこのＳＤＧｓ第11目標について次のように説明している。

「都市と人間の居住地を包摂的、安全、強靭かつ持続可能にする

現在、世界人口の半分以上が都市部で暮らしています。２０５０年までに、都市人口は65億人と、全人口の3分の2に達する見込みです。私たちが都市空間の整備、管理方法を大きく変えない限り、持続可能な開発を達成することはできません。

開発途上地域における都市の急成長は、農村部から都市部への移住者の増加と相まって、巨大都市が台頭しました。１９９０年の時点で、人口１０００万人以上の巨大都市は10か所にすぎませんでした。２０１４年までに、その数は28に増え、計４億５３００万人の住民が居住しています。

極度の貧困は都市部に集中することが多いため、国も自治体も、都市部の人口増加への対応に苦慮しています。都市を安全かつ持続可能にするためには、安全で手頃な価格の住宅へのアクセスを確保し、スラム地区の改善を図らなければなりません。また、公共交通機関に投資し、緑地を整備するとともに、参加型で包摂的な方法で都市計画や管理を改善することも必要です。

持続可能な都市は、持続可能な開発のための2030アジェンダを構成する17のグローバル目標の一つです。複数の目標を同時に達成するためには、包括的なアプローチが必要不可欠です。[6]」

ただ、世界各地を歩いて見れば、国連が指摘する「包括的なアプローチ」が必要であることは確かにそのとおりだと内心思いつつも、多くの途上国では残念なことに同時にすべての課題に取り組み具体的成果を上げることができるような人材も資金も技術も行政能力もないか、あっても不足している。したがって、多くの開発課題に時間差をつけて何かを先行させて始めなければならないが、その第一歩は、農村であれ、都市のスラムであれ、そこに棲む人たちが尊厳をもって生きられるようにすること、なによりも清潔な水の供給と安心して排泄できる場所をつくることではないだろうか。

(4) 帝都の繁栄の陰で

都市の発展と人口増加、それに伴う上水需要の急増に対応するには、大規模なインフラ投資が必要であり、なかんずくダムの建設が急務になる。人口が3千万規模の首都圏を抱える日本では、今では利根川水系、荒川水系、多摩川水系に多くのダムを擁しているが、その端緒は明治の末に遡る。

江戸が東京となった後、江戸時代以来の玉川上水と樋筋を使い続ける中で衛生管理の問題が生じてコレラが流行した。また、明治の終わりから大正にかけて人口が増えて上水供給が足りなくなり、近代的水道の整備が急がれる状況となった。種々検討の結果、狭山丘陵（現在の東京都東大和市および埼玉県所沢市）に貯水池を作ることとなり、それぞれ10年前後の工期をかけて村山上貯水池が大正13年、村山下貯水池が昭和2年、山口貯水池が昭和9年に竣工した。[7] そして村山貯水池建設のためには大正4年（1915年）から5年（1916年）にかけて162戸が湖に沈み、[8] 住民が去り、離れ離れになった若者の悲恋の詩も残されていると東大和市のホームページは紹介している。

「月光の清く映れる水の面　深き誓いも湖底に沈みぬ」[9]

山口貯水池建設でも同様で、282戸、1720人余が移転した。[10] 移転させられた住民は、補償はもらったがどこに移住するか代替地探しなど自分達でやらねばならず、苦労が絶えなかった。

しかし、東京の水道需要は増え続け、さらなる貯水池建設が検討され、「大正15年（…）、当時の東京市会が将来の大東京実現を予想して水道事業上の百年の長計を樹てるべきだとしたことから、調査が開始され、昭和7年、東京市会で小河内ダム建造計画が決定された。」[11]（注：東京市水道局による計画発表は昭和6年）ところが、起工式は発表から7年後の昭和13年11月12日であった。これほどの長時間を要したのは多摩川下流の神奈川県川崎市側の用水組合との水利権の調整に時間を要したことによるとされるが、[12] それだけだったのだろうか。さらに建設工事は、戦争による中断（昭和18年10月～23年9月）があったとはいえ昭和32年11月まで19年の月日を要した。「完成に長期を要したが、今都民の水瓶として大きな役割を果たし、大正にはじまる計画の先見性が称賛される。」[13] と一般社団法人日本ダム協会は「日本100ダム　小河内ダム〔東京都〕」に書いている。

しかし、そのために東京都西多摩郡小河内村、山梨県北都留郡丹波山村、同小菅村に住んでいた[14]945世帯が湖底に沈んだ。[15]しかも7年もの間、工事が始まるのか始まらないのかさえわからないまま追われる山村の人々は不安にさいなまれ、いったい畑を耕してよいのやらの見通しも立てられず、また湖底に沈む故郷の代わりに住む土地の手当を自分たちでしなければならないので借金をして結局高利貸の餌食になっていった。仮に東京市（当時）当局が将来メガシティーとなる東京市の水供給そのものについて「先見性」をもっていたとしても、その「先見性」には目前のこと、すなわち帝都市民のためという大義名分で湖底に沈む人々の人生をどうするのかという肝腎なことは含まれていなかったといわざるをえない。このことについては、日本ダム協会は工事中に事故で亡くなった人々のこととともに、立ち退かされた人々について次のように書いている。

「工事で87名の尊い命が失われた。1953年3月に慰霊碑の前で慰霊式が行われた。[16]」

「建設のために移転を余儀なくされた世帯は総数945世帯に及び、その大多数は旧小河内村の村民だった。昭和13年、ようやく小河内村との補償の合意がなされたが、小河内村村長の小澤市平氏は、『湖底のふるさとと小河内村報告書』（昭和13年）のなかで、『千數百年の歴史の地先祖累代の郷土、一朝にして湖底に影も見ざるに至る。實に斷腸の思ひがある。けれども此の斷腸の思ひも、既に、東京市發展のため其の犠牲となることに覺悟したのである』と思いを述べている。（中略）戦前、小河内ダム建設のため水没する村から三多摩地方の代替地に移住した人々は、そこになかなか順応できず、戦後も窮乏や流転をくりかえした。1937年当時、作家石川達三はその様子を『日蔭の村』という小説にえがいた。[17]」

日本ダム協会は、別途「文献に見る補償の精神【4】「帝都の御用水の爲め」(小河内ダム)古賀邦雄 水・河川・湖沼関係文献研究会[18]」において、昭和6年に東京市が建設計画を発表してからのち村民がたどらされた人生は、「そこになかなか順応できず」という記述からは想像もできないほど過酷なものであった様子を記述し、次のように述べている。

「945戸の世帯は、東京都では奥多摩町、青梅市、福生市、昭島市、八王子市、さらに埼玉県豊岡町、山梨県八ケ岳等にそれぞれ移転している。この移転については水没村民の方々の苦労は大変なことであったと推測される。それ故に水没村民の方々の恩を忘れることはできない。」

多くの人が流浪の民となって辛酸をなめつくした。今では成功しているように見える村も、よく見ればそこにいたる道はいばらの道であった。八ヶ岳山麓の清里村は今でこそ美しい高原の人気のリゾート地になっているが、山梨県丹波山村から荒野に入植した人々の艱難辛苦、冬を越せずに亡くなった老人や子どもの犠牲、そしてたった一人で給料をなげうってまでその人々を応援し続けた一人の農林省技官安池興男氏[19]の粉骨砕身の献身があってはじめてたどり着いたのである。

『日蔭の村』は涙なしには読めない。村長が帝都の爲めと決断して反対する村民たちを説得して東京市に協力しているのに、東京市側は、そして内務省も、冷淡極まりない対応をしていること、それに翻弄される村人の人生がじわじわと真綿で首を締められるように崩壊していく実態が描かれているからである。石川達三は、村民に次のように言わしめている。[20]

「その間に演壇には坂部竜三が上がっていた。

『諸君、僕はいつも不満に思っていた。われわれが村を犠牲にして立ちのくのは東京市民の生活のためだ。しかるに東京市民はわれわれの苦労を全然知りはしない。新聞には何度もこの村のことが書かれていたのに、六百万市民は一片の同情も感じてはいない、全くわれわれを見殺しにして他人の事のように思っているんだ。村山、山口貯水池のときも村民は立ち退きをしている。東京が発展していくに従って第二の小河内第三の小河内が必ず東京市の犠牲にされるのだ。この無反省な不人情な東京市民に吾々の立場を知らせ小河内を滅ぼすことの意義を知らせなくてはならない。東京市や府にも不平はあるが、東京市民にもうんと不満がある。吾々は東京市中を練り歩いて市民の反省を促すべきだ。』」

蛇口の水をそのまま飲める稀有な都会となっている東京、その繁栄への道の陰で犠牲となった人々がいたということを、筆者を含めて、せめて知っていて心の中にとどめていても良いように思う。

2　自分たちの水をつくる——シンガポールの例

(1)　貧困からの脱却

世界各地で深刻化している大都市内の極貧とインフラの未整備。他方、かつての貧困と逆境から脱却し、水まで「作っている」未来物語のような例もある。貧困から繁栄する街に変身し、また、創造的な水源確保に挑戦してきたシンガポールである。

1819年、イギリス人トーマス・ラッフルズがジョホール王国から許可を得てシンガポールに商館を建設した。5年後の1824年、オランダとイギリスは勢力分割の協定を結び、オランダは今日のインドネシアを、イギリスはマレー半島及びボルネオ島西北部をそれぞれのものとすると協定し、シンガポールもイギリス植民地となった。その後、マレー半島は1957年にマラヤ連邦として独立、シンガポールは1959年に自治権を獲得した。1963年、マラヤ連邦にシンガポール、サバおよびサラワクが加わってマレーシアが成立、シンガポールはマレーシアのひとつの州となったが、1965年、中華系民族が多数を占めるシンガポールとマレー系民族が多数を占めるその他のマレーシアは対立関係に陥り、シンガポールは事実上放り出されるようにしてマレーシアから分離独立した。爾来シンガポールにとってマレーシアは仮想敵国であったし、それに加えて南にはインドネシアという大国が控えているため、南北双方からのありうべき脅威に備える必要を感じていた。そのような地政学的環境におかれた小国が生き抜くため2年間の兵役義務を男子に課し、イスラエルとイギリスから指導を受ける訓練で精鋭部隊を育て上げ、中でも空軍は知る人ぞ知る高い水準を誇っている。

しかし、シンガポールには弱点があった。国だと言うのに面積が淡路島ほどしかなく、天然資源もなく、「独立」した当時は産業らしい産業もなく、貧しい港町でしかなかった。

ところが、そのシンガポールは今日では1人当たりGDPは6万5千ドル[21]で日本より2万5千ドルも多い豊かな国になっている。なぜだろうか。それは独立前の自治政府、そして独立後1990年まで首相、さらに2011年まで上級相を務めたリー・クアンユーという卓越した指導者が手堅い実践的な政策を打ち出したことに負っている。独立当初、まず国民たちの住環境を整備すべく安価な集合住宅を作り、国としての競争力を醸成するために理数系と技術教育に重点を置く人材育成に力を入れ、また多くの新興独立国が陥った輸入代替という国際競争力のない分野に無駄な投資をするという愚策を採ることなくまずは石油化学を柱とする産業を興した。こうして国の礎を築いたシンガポールのガバナンスは、現実と向き合って実践的であり、例えば狭い国土に皆が快適に住めるように集合住宅以外への居住を原則禁止するなどの厳格な住宅規制を行う一方で、時とともに国と国民が豊かになり始めるや給与からの天引き貯蓄を導入して持ち家を促進するなど、今何をすべきか、次に何をすべきかを考えながら小さな国を運営してきた。もっともチューインガムは禁止、麻薬は死刑、長年集会も禁止されていたなど、あまりの厳格さに、シンガポールは太陽が輝く明るい北朝鮮だ、という陰口がちらほら聞かれた時期もあった。しかし、何はともあれ、「クリーン・アンド・グリーン」をスローガンとするシンガポールは文字通り清潔で緑が溢れ、国語はマレー語と定めながら公用語として英語、中国語、マレー語、タミール語を定め、[22]その上で学校教育は英語で行われているため実際は英語圏と言っても良いほど国民は英語に通じている。こうしたことから、国際都市としての競争力が急速に高まり、多くの国際ビジネスマンによってシンガポールはアジアで最も勤務したい都市であると認識され、外資の誘致に成功し続けて多くの世界的な一流企業のアジアの拠点となった。

(2) 水がなければ水をつくればよい

ところが、シンガポールには水がないというアキレス腱がある。雨は降るが、小さな島には大河もなければ湖もない。独立のときにいがみ合ったマレーシアから水を輸入しなければ需要を満たせないし、活発な経済を支えることもできない。シンガポールは、1962年にマレーシアのジョホール州と当時のシンガポール市が締結した協定（1965年の両国分離協定において保証された）によって、ジョホール川から日量2億5000万ガロン（インペリアル・ガロン、1ガロンは約4・546リットル）を取水する権利を有し、逆に浄化した上水を輸入量の2％相当（5百万ガロン）ジョホール州に供給する義務を負っている。この協定は99年間すなわち2061年まで有効である。さらに1990年ジョホール州との追加協定によって、シンガポール公益事業庁（上水、下水、排水所掌）はジョホール川上流にリンギウ貯水池を3億シンガポール・ドルかけて建設し、安定した水量を下流のジョホール川浄水場（シンガポールが運営）に送り、そこから上水を給水管でシンガポールに送っている。[23] この水の輸入価格は1962年協定で定額[24]が定められているが2018年には当時のマハティール・マレーシア首相が現行価格はあまりに安いとして10倍以上の値上げ交渉を示唆した経緯がある。[25]

当然のことながら、シンガポールは雨を可能な限り溜めている。17の貯水池に可能な限りの水量を集めるべく総延長7000キロに及ぶ排水管、用水路などを張り巡らし、国土の3分の2の地域から降水を集めている。驚くべきことに海に連なる湾までも貯水池にしてしまった。マリーナ湾と海の境に堰をつくり、約240ヘクタールの淡水の貯水池とした「マリーナ・バラージ」を見るとその発想と規模に驚かされるばかりか、何か非現実の世界を見ているような錯覚すら覚える。高層ビルが林立する都心が面する湾に淡水のダムをつくってしまうという構想は20年以上前にリー・クアンユー首相が抱き、2008年10月に完成、2009年から降水による自然の力での淡水化が開始され2010年から淡水の貯水池となった。この貯水池に雨水が流れ込む集水域は1万ヘクタールに及ぶ。[26]

驚くのはまだ早い。今やシンガポールの水源の4割は下水である。浄水場で一次処理された下水を工場に送り、①膜・マイクロフィルターによる濾過→②逆浸透膜による濾過→③紫外線による殺菌仕上げ、の工程を駆使して下水を再生した水は、WHO基準を悠々とクリヤする極めて清潔な水となっている。下水を再生するという構想は1970年代に生まれ、検討を重ねていたものの、高いコストおよび必ずしも技術に十分の信頼をおけなかったため実現されないでいた。ところが、1990年代になって（日本企業などによる）膜の技術が飛躍的に改善するとともにコストも下がり、1998年から公益事業庁が実験チームを立ち上げ、その2年後には日量1万立方メートルの下水からの再生水を生産する実地試験工場を稼働、遂に2003年に「NEWater」（ニューウォーター）と名づけた再生水を2つの処理工場でつくって公共の用に供した。[27] 今では5つの再生水プラントが稼働し、再生水は水を大量に使うシリコン・ウェーハー製造に必要な工場用水としてのみならず、水量が減った場合には貯水池にも注がれるし、再生水プラントを見学する人たちは提供されるNEWaterを飲んでいる。2014年、国連は「命の水賞」（Water for Life, UN-Water Best Practices Award）をNEWaterに授与した。[28]

シンガポールはさらに海水淡水化を2005年から実施しており、逆浸透膜を活用した4つの海水淡水化工場が稼働し、5つ目の工場も稼働目前である。海水淡水化工場の稼働に関してはエネルギー効率の改善努力、海洋環境に悪影響を与えないための細心の注意を払うことなどが留意事項となっており、シンガポールは不断の技術研究を行っている。

このようにシンガポールは、雨水をためる貯水池、輸入する水、下水の再生水、海水淡水化を同国の4つの「蛇口」と位置づけている。同時に国民の節水活動にも力を入れてきており、その結果1日1人当たりの家庭での水の消費量は2000年には165リットルだったのが2018年には141リットルに改善された。[29]

水がなければ自然の力と技術の力で自分たちの水をつくる。こうして独立当初には都心以外では水も下水も整備されていないような見るからに貧しい島だったシンガポールは、今や豊かであるのみならず、水分野における世界のリーダー国となっている。

3　自分たちで水を引く

水がなければ水を引こう。川も水源もなく、たびたび干ばつに襲われ、貧困に苦しんできた故郷・知多半島のために遥か木曽川から水を引こう。一人の篤農家と一人の農業高校教師が同じ夢を追い、緻密な調査と地べたをはうような活動によってついに実現したのが愛知用水である。

篤農家・久野庄太郎氏と農業高校教師・濱島辰雄氏は、大風呂敷を広げていると批判をする人々や自分の土地はいじらせないと反対する人々、また水を分けるわけにはいかないと反対する木曽川下流の農家の人々、一人一人の説得につとめた。濱島氏は教職を辞して用水運動に全力を挙げ、久野氏は先祖伝来の田畑を売って資金をつくった。濱島氏は、測量と用水に関する知識、経験および技術を持ち、木曽川から知多半島にわたる現地を久野氏と何度も訪れて用水を引くルートの精緻な地図を書き上げていった。人々を説得するためにこの図面が発揮した効果は大きく、久野氏の人脈で同志の輪は広がり、昭和23年10月1日には愛知用水開発期成会が森信藏半田市長を会長として発足し、政治家と農林省など関係方面への働きかけや陳情などが実現していった。昭和23年12月25日、吉田茂首相に陳情する機会が訪れ、席上その地図を見せつつ食糧増産や雇用の創出などの用水建設の効果を説明したことで、首相の前向きの対応を得るにいたった。

しかし、誰も無い袖は触れなかった。国庫も愛知県にも資金の余裕がない状況下で、膨大な建設資金をどう賄ったらよいのだろうか。また、資金以外の課題も多かった。用水は木曽川から単に溝を掘ってくればできるものではなく、木曽川沿いにダムを建設して水源となる貯水池を作る必要もあった。その用地の渓谷に住む人々にどう誠意を示すのか。また何世紀も水利権を持っている木曽川下流の農民の反対にどう誠意をもって応えるのか。

資金については世界銀行に借りに行こう、戦前アメリカで新聞記者として活躍していた森信藏半田市長が渡米し、戦前の人脈から世界銀行副総裁と面会し、後の交渉開始の先鞭をつけたのである。実際の交渉は昭和27年から始まり、3年に及ぶ交渉となったが、昭和30年（１９５５年）４９０万ドル（約17億円）の借り入れとアメリカからの技術指導を含む借款契約が合意された。国家事業となっていた愛知用水構想は愛知用水公団法の成立により愛知用水公団が発足し、ダム建設や丘陵地帯に水を通す難工事にはアメリカのフーバー・ダム建設の経験を有する最高の技術者の指導を受けるとともにブルドーザーなど重機も投入された。愛知用水工事は日本の土木技術進歩にも大きな影響を与えたのである。

水源となる貯水池は、昭和26年から始まった調査の結果、木曽川の支流・王滝川に沿った長野県木曽郡の王滝村と三岳村がダム建設の最適地とされた。2村のうち１４０戸が水没する。当然のことながら2村はダム建設反対同盟を組織した。このことについてＮＨＫプロジェクトＸ「命の水　暴れ川を制圧せよ」[30]は次のように記している。

「……先祖代々住みつづけてきた地から立ち退くことを迫られている村人たちのつらさと憤りに、誰よりも強く反応したのは久野だった。（中略）久野には村人たちの心が痛いほどわかった。しかし、知多の人間としては、何としてもダムをつくり、水を引いてほしい。久野の心は引き裂かれた。いても立ってもいられず、村を訪れ、村人たちに話しかけた。にべもなく追い返されたが、その後も毎月のように村を訪れ、水没予定地にある家はすべて回った。やがて、話を聞いてくれる者も出はじめた。のちに、愛知用水公団が補償と移転地の確保について折衝し、最終的に百四〇戸の移転が決まった。」

水没する集落の１４０戸に住む人々の移転とともに、久野氏たちの心に深く傷を残したのは難工事によって56名の作業員が殉職したことであった。久野氏はダム建設地の土を持って知り合いの陶芸家に依頼して観音像をつくり、生涯を慰霊と感謝、そして医学の進歩のための献体運動に捧げたのである。

愛知用水は昭和36年9月30日に通水の日を迎えた。幹線から支線が網の目のように伸びているネットワークであり、半島の隅々まで水が行きわたり、今日知多半島は愛知県有数の野菜、果樹、花卉、畜産が盛んな農業地帯となっている。中でもフキ、イチゴ、洋ラン、養鶏は愛知県内・外のトップクラスの産地となっている。[31] また、愛知用水は農業用水のみならず生活用水と工業用水にも使われ、農村部のみならず名古屋市沿海部や豊田市などから知多半島にかけての光景を一変させた。

4　水と学校とコミュニティ

サブサハラ・アフリカや南西アジアの村をはじめ、女児が平均片道1時間もの道のりを毎日3往復して汲みに行かなければならない不潔な水。このことが学校教育の欠落、人々の疾病および貧困に深くかかわっているとすれば、ありうる解決策のひとつは村の中ないし近辺で水脈を探して井戸を掘り、それを核とするコミュニティの醸成ではないだろうか。村の中ないし近辺に水脈を掘りあてたらそこに学校を建てる、あるいは既存の学校に井戸を掘る、学校の両端には男女別の衛生施設をつくる。さらに教師用の小さな宿舎もつくる。こうすれば、女子は水汲みと言う長年の慣習から逃れられない場合においても、あたかも水を汲みに来る「ついでに」授業を受ける可能性が生まれる。かつ、その水がそれまで汲みに行っていた汚泥や細菌まみれの水ではなく、飲料に適した水であれば、子どもたちのみならず成人の下痢も減り、子どもの成長、母子保健の改善、疾病に臥せる日数の減少という経済効果も期待される。その上、井戸を備えた学校で子どもたちに食事が提供されれば、子どもたちを学校に通わせる誘因ともなり、教育の普及にも大きな力を発揮する。[32]

長年にわたり、世界の多くの国で子どもたちが栄養を採るとともに教育を受けられる機会を提供してきたのが学校給食である。国連の世界食糧計画（World Food Programme, WFP）は、国連のロジスティックを一手に引き受け、航空機やトラック隊を擁して紛争や自然災害などの緊急時に先頭に立って食料支援を届けるとともに、途上国の地域社会と協力して栄養状態の改善と強い社会づくりに取り組んできたことで知られ、２０２０年のノーベル平和賞を受賞した。その重要な活動のひとつが学校給食支援である。日本においても国連ＷＦＰ協会[33]が公式支援窓口となり、多くの企業、[34]知花くらら氏やエグザイルのÜＳＡ氏など著名人[35]およびボランティアの人々が活動に協力して募金活動を行い、また世界の飢餓や栄養不足の実態についての広報活動を行っている。

学校に通えば子どもがタダで食事をしてくる、これは逆に言えば子どもが自分の食い扶持を稼いでくることにほかならず、子どもを家事や畑作の手伝いにおける労働力として使うのか、それとも学校で自分の食事を稼いでこさせる方が良いのか、という選択肢を親に与えた。ＷＦＰは学校給食は子ども1人につき貧困家庭の支出の10％に相当すると推計している。[36]さらに、子どもが可能な限り規則的に学校に通うなどの条件を課しつつ給食の持ち帰りをおこなった学校では就学率がさらに向上した。21世紀に入ってミレニアム開発目標が進み、また途上国自身が国造りに占める教育の重要性への認識を深めていく中で、学校給食を単なる食糧援助とみなすのではなく地元と密接に組んで推進する持続的開発と位置づけるようになっていった。その一環としてできる限り地元の農産物を学校給食に活用する地産地消が進められた。今や、国連ＷＦＰの給食支援は46か国で現地の小規模農家とつながっており、厳しい自然環境の中で細々と作物を作っていた農民は、学校というマーケットを得ることになった。さらに、その地元の食材を地元の人が給食用に調理すれば、女性や若者の社会進出につながり村の活性化にも通じる。

ＷＦＰは過去60年間で１００か国以上に学校給食の援助を実施してきたが、援助を受ける側が少しずつ自立していった結果、１９９０年以降ＷＦＰが支援を終了し、独自で学校給食を実施している国は44か国にのぼっている。[37]また、低所得国（世銀定義、2020年の1人当たりGNIが1045ドル以下）および下位中所得国（一人当たりGNIが1046〜4095ドル[38]）では就学児童の約半数に当たる3億5000万人の子どもたちが毎日学校で食事をしていると推定され[39]、その多くは給食のみならず、包括的な健康・栄養パッケージ（駆虫、サプリメント、ワクチン接種、視力検査、マラリア対策、月経衛生対処、栄養教育、WASH（清潔な水とトイレおよび衛生[40]）、口腔衛生など）を学校で受けている。ところが、より細かく実態を見ると、こうしたことを最も必要としている最貧層の子どもたちにはケアが届いておらず、その数は60か国に住む7300万人に上るとWFPは推定している。このような子どもたちにつながる支援はどうすれば広がっていくのだろうか、このための取り組みに高い優先順位を与えることが目下の重要課題となっている。[41]

筆者の世代にとり、学校給食のユニセフからの脱脂粉乳は貴重なたんぱく源であったが、さらに記憶をたどれば、筆者が通った小学校の給食では食パンが5枚配られた。食の細い子どもに5枚ものパンを完食することはできず、家に持ち帰ったパンを母親が陽に干してパン粉をつくることが多かった。その数十年後、縁あって人道支援を担当したときそのパンの記憶が突然蘇りあれはひとつのセーフティー・ネットだったに違いないと思った。現在WFPが低所得国で進めている地元コミュニティと組んだ学校給食はまさに社会のセーフティー・ネットと位置づけられている。

5　水の旅の終わりに

開発途上国で、かつては井戸を掘る技術を持った海外援助関係者やＮＧＯが善意で井戸を掘り、地元の人々に「プレゼント」していく例も多かった。村人たちは感謝したが、そのような井戸は維持管理に問題が残ることがあった。他方、村人たちが一緒になって汗を流して掘られた井戸の多くは、主婦を中心とする村人が率先して管理し、修理費をコツコツと積み立てていった。そのような井戸の周りでは昔懐かしい井戸端会議で談笑する主婦たちや、喜んで水汲みに来る子どもたちの元気な姿を見ることが多い。また井戸の清潔な水を活用した衛生概念の普及などを地元の人々も実践している。もしも地元住民主導で管理されている井戸が万事休する事態となったときには国際機関や援助国の支援を求めるが、そのような場合でも実際の修理には当該国の技術者も携わる。

その一例を日本ユニセフ協会のホームページは次のように記載している。アフリカの村人の生活実態を知る一助として紹介したい。

「ブルキナファソの中央大地地方にあるモウニ小学校は、１９７９年に開校されましたが、校内に井戸が設置されたのは、２００１年のことでした。

校内に設置された井戸は生徒だけでなく、地域住民にも利用されていたので、使用頻度が高く、何度も故障しその度に修理をしてきました。ところが、２０１９年に故障した時に、とうとう修理ができなくなりました。学校運営委員会と保護者会（ＰＴＡ）からの寄付金だけでは、増加する修理費用を負担できなくなったのです。井戸の故障により、学校で水を利用できない状態が続き、生徒たちは深刻な水の問題に直面しました。生徒たちが学校で水を飲めなくなったばかりか、衛生状態の悪化、授業や昼食の遅延にもつながったのです。

『(学校で水が使えなくなったことで) 休憩時間や昼休みの後、授業に間に合う生徒はほとんどいませんでした』、モウニ小学校に通う14歳のポーリーンさんは回想します。

2019年12月、教育省からの要請を受けたユニセフの支援により、2020年1月に給水ポンプの改修が行われました(筆者注：修理したのは地元の会社の技術者)。水深47・50m、毎時6 m^3 の水量を持つ新しいポンプは、モウニ小学校の294人の生徒と9人の教師の水のニーズを完全に満たしています。(中略)

給水ポンプの修理により、ポーリーンさんの心配事は消えてなくなりました。彼女は、学校で水を利用できないために困難に直面していた他の多くの女子生徒と同様に、今では月経になっても困らなくなりました。そして、学校で井戸が使えないために、村の泉で水を求める長蛇の列や、授業開始のベルが鳴ると全速力で学校に駆けつけていたことを思い出しました。

『ポンプの修理はとても意味のあることでした。今では、生徒や教師はすぐに水を飲むことができ、時間通りに授業も始められます』(校長のベンジャミン・カブレ氏)。校長先生は安全な水が利用できることで、子どもたちが石鹸を使った手洗いの衛生習慣を身に付けられること、下痢などの水に起因する感染症が子どもたちの間で大幅に減少したことを喜んでいます。

校長先生によると、校内に新たに菜園を設置することを検討しています。菜園を通して、生徒たちは気候変動の問題に取り組みながら、植物を栽培する知識を持つことができます。また、生徒たちが栽培した野菜は、給食の食材として活用し、食事の質や栄養を向上させることにもつながります。

学校運営委員会の代表であるソムラレ・ノンゲマラグレ氏は、修理された給水ポンプを誇りに思っています。彼と運営員会のメンバーはポンプを適切に管理できるよう努めています。『新しいポンプの維持管理には、より一層気を配りたいと思います。地域からの寄付を募り、ポンプの維持・修繕費用をまかなう予定です。』

『スクール・フォー・アフリカ』を通じたご寄付により、2020年に手押しポンプを備えた新しい井戸の建設、井戸の修理、男女別のトイレの設置などにより、120の学校で水と衛生環境が改善されました。モウニ小学校は、古いボーリング孔の改修により、安全な水の供給が可能になった20校のうちの1校です。[42]」

水は命。多くの人がそう実感しながらその水をないがしろにしてきたツケを、今になって人間は払わされようとしているのだろうか。水はないがしろにされればたちまちにして劣化してしまう資源であり、世界の多くの地でそのような実態が目につく。そうした水の旅の終わりに、アフリカの小さな村で水とのつつましいかかわりの中で自分たちの脚で生き抜こうとしている人々の姿を見るとき、そこに青い鳥を見た気がして小さな安堵と希望が心に湧くのもまたひとつの事実である。この小さな希望の灯火は少しずつでも広がりを見せるのだろうか。それとも地球上でひしめき合う80億、90億、そしてやがて100億にならんとする人間同士の生存競争の中で、そのような灯火は吹き消されてしまうのであろうか。

コラム7　さぬき発展の大動脈、香川用水

香川県　香川用水（疏水百選）

「吉野川の水を香川へ」これは香川県民の昔からの悲願であった。1885年（明治18年）、香川県三豊市財田町出身の大久保諶之丞（おおくぼじんのじょう）は、吉野川の水を讃岐平野に導水する計画を立て、愛媛県庁（当時、讃岐は愛媛県に併合）に願い出ていた。

しかし、他県を流れる川の水を、県境を越えて取水するなど、平身低頭して懇願しても無理な話であった。吉野川下流の徳島県では、洪水のたびに人が流され田畑が流されてきた。記録によると、江戸時代の始めから明治にかけての約200年の間に、およそ100回もの洪水に見舞われていた。そんな徳島県民にとっては、他県が吉野川分水を持ち出すたびに、この悲惨な記憶がよみがえるのだった。

その後、明治から大正にかけて、何度も分水が計画されたが、その都度、徳島県の反対で、挫折を繰り返した。最後に、愛媛県は、当時経済安定本部の公共事業課長であった大平正芳（のちの総理大臣、香川県観音寺市出身）に訴え、GHQ（連合国軍総司令部）の仲介でようやく実現した。

徳島県が吉野川の分水に反対する中で、他の三県はそれぞれ、分水の必要性に迫られていた。四県の話し合いは難航を極めたが、紆余曲折の末、「吉野川総合開発計画」の必要性が見直され、早明浦ダム（高知県）の建設を中核とした利水・治水・発電計画が真剣に討議され、敗戦以来20年に及ぶ四国四県の葛藤に、終止符が打たれた。

香川用水は、1968年（昭和43年）から工事が行われ、都市用水との共用区間は1975年（昭和50年）、農業専用区間は1981年（昭和56年）に完成し、慢性的な水不足を解消することができた。

水路の総延長は106キロで、その構成は池田取水工（徳島県）からの導水トンネル8キロと、香川県内陸

部全8市6町に水を届けるための幹線水路98キロ（一部トンネル、サイホン）から成る。施設の維持管理および配水管理について、共用区間47キロは水資源機構が、また農業用水専用区間59キロは水土里ネット香川用水が分担して行っている。

香川用水がさぬき発展の大動脈となり、香川県の発展を支えていることについて、香川県民は子どもたちにも丁寧に伝え、先人たちの苦労や四国他県への感謝を忘れないよう、社会科の授業でも時間を割いて学習している。

近年、1978年（昭和53年）の全線通水から40年以上が経過しており、施設の老朽化対策や耐震対策が必要となったため、国営造成土地改良施設整備事業を1993～1996年（平成5～8年）、2009年～2013年（平成21～25年）で2回実施、2014年度（平成26年度）より国営香川用水二期土地改良事業が10年間の予定で実施し、次世代へ施設を健全に引き継ぐこととしている。

（地域にまつわる言葉）
「香川用水は、いのちの水・友情の水」
（組橋啓輔（水土里ネット香川用水理事長））

香川用水は、高知県の早明浦ダムに貯水された水の一部を、徳島県の池田ダムによりせき止め、幹線水路によって香川県内に導水されたもの。農業のみならず、経済・産業の発展に大きく寄与し、県民生活の向上への恩恵は計り知れない。「四国はひとつ」の心で送られてくる香川用水は、まさに「いのちの水・友情の水」であり、四国他県への感謝を忘れてはならない。

（写真）香川用水の安全を祈念する神事（神酒奉灌）
水土里ネット香川用水　水口祭（みなくちさい）
（https://www.kagawayousui.com/outline/business/event.html#teaching）

あとがき

読者の皆さま、石川薫先生との「水の旅」、お楽しみ頂けただろうか。国も時代もテーマも飛び越えた水を巡る長旅に、心地よい疲れがあるのではないかと想像する。ここでは、共著者なりの気軽な「旅の想い出話」にお付き合い願いたい。

旅の感想としては、この本を開いたとき、確かに2022年の自宅の小さな部屋にいたはずだが、第1章「アマンズィ・アインピロ―水は命」で鴨長明と平安時代の都の方丈（部屋の狭さは同じ）からアフリカの玄関口ヨハネスブルグ空港へ連れ出され、第2章「天地人―水の惑星」でガガーリンとともに冷戦中の宇宙空間へ、第3章「母の愛と死―ナイルとメコン」で古代エジプトや19世紀のメコン河を探索し、第4章「海が織りなすコミュニティ―インド洋という世界」で時代を超えてスエズ運河経由でヨーロッパからインド洋に佇み、第5章「ニューヨークで雉を撃つ？―安全な水」でアジア・アフリカなど不衛生な現場や正反対のNY国連本部などの国際場裡へ、最終第6章「青い鳥―水と希望」でサブサハラの村の小さな井戸に戻る……。

このタイムマシーンの移動距離、ナショナルフラッグシップも驚くほどの「水の智のマイレージ」が蓄積されたはずである。

今回、共著の機会を頂いたきっかけについて触れたい。
2018年、一般財団法人日本水土総合研究所海外農業農村開発技術センターが発行している海外情報誌『ARDEC』（アルデック：overseas Agricultural and Rural Development Center）の編集事務局を手伝っていた私から石川先生に海外の農業・農村に関する原稿をお願いしたところ、僅か4ページに、この一冊の源流となるような、水で繋がる古今東西の史実、世界観を詰め込んだ玉稿を頂いた。『ARDEC』の主な読者である農業・農村開発分野の識者・役人からの反響が大きく、翌号で、石川先生と小浜裕久先生の共著『「未解」のアフリカ—欺瞞のヨーロッパ史観』（勁草書房）を紹介させて頂いた。

その後、小浜先生や勁草書房の宮本詳三さんの後押しがあり、石川先生が本書の執筆を決意され、中村にお声掛け頂いた、ということであった。（さらにその後、この本に導かれるように「水」の文字が4つも入るポストに異動して、今に至る。）

『アフリカから始める水の話』本編は、石川先生の外交官や大学教員としての経験に裏打ちされた幅広い見識から世界各国の水にまつわる史実を壮大に色鮮やかに紡いだ、まさに「水のフルコース」だと私は思う。

これに対し、「水のコラム」は、中村が現場技術者として日本の田舎を駆けずり周って見聞きした、東北、関東、北陸、東海、近畿、中国四国、九州の全7地域（農政局単位）から最も偉大と考える水開発のプロジェクトについて各1地区を厳選し、歴史背景、プロジェクトの概要、プロジェクトの成果（現況）、地域にまつわる言葉、印象的な写真1枚を各章末でお伝えした。

私がお伝えしたかったことは、日本の農村に「水」にまつわる小さなプロジェクトXが無数にあり、これを通じて先人たちは「食」と「命」を繋いできたこと。私が実際にお邪魔して、水の施設を見て、時には改修を手伝い、地元の方々と語らった地域は、まだまだある。今回紹介できなかった地域にも、大小さまざまなサクセスストーリーやそれにいたるまでの苦しみ悲しみがあり、悲願が結実し、今があるのだ。

こうした施設を維持管理し、未来へ水の恵みを継承する「水土里（みどり）ネット」とは、農業水利施設の建設、管理、農地の整備などいわゆる土地改良事業を実施するため、土地改良法に基づき設立された農業者の組織「土地改良区」の全国的な愛称であり、農業用水などの「水」、農地などの「土」、農村などの「里」を守る、農家のネットワークのことである。「水のコラム」ではその活動を広く読者に知って頂こうと、あえて愛称のまま使用した。

今回紹介させて頂いた7地区の施設を今日も管理している、水土里ネット安積疏水、水土里ネット那須野ヶ原、水土里ネット七ヶ用水、水土里ネット立梅用水、近畿農政局南近畿土地改良調査管理事務所（下渕頭首工は国直轄管理）、水土里ネット香川用水、水土里ネット通潤地区及び関係者の皆さまには、日頃の御尽力と本書への御協力に心より御礼申し上げます。また、「疏水百選」を参考とさせて頂いた農林水産省農村振興局、「疏水名鑑」等の写真を提供頂いた全国水土里ネット、『ARDEC』できっかけを下さった（一社）日本水土総合研究所、これまで多くの助言を頂いた、農家の方々、先輩、同僚、後輩にも、この場をお借りして感謝申し上げます。

「水のコラム」にデザートのような華やかさはないが、この「水のフルコース」を引き立てる「箸休め」になれば、幸いである。そして意外にも、瑞穂の国の足元に、先人たちの艱難辛苦の末にもたらされた「命の水」が「地域の宝」として潜んでいることを、皆さまに少しでも知って頂ければ、農村振興技術者の一人として望外の喜びである。

2022年2月1日

中村　康明

あとがきに代えて

はしがきに書いたように、この水の本はこれまでにご縁を得たことを中心に書いたものである。各章の本文を石川が、各章末尾のコラムを中村さんが執筆した。数多くの方にお世話になり、この場を借りて深謝いたしたい。不肖の弟子ながら、長年にわたり特に次の方々には多くのことを教えていただいた。故橋本龍太郎・国連水と衛生に関する諮問委員会委員長、尾田栄章・第3回世界水フォーラム事務局長・NPO法人渋谷川ルネッサンス代表、竹村公太郎・特定非営利活動法人日本水フォーラム代表理事はじめ同フォーラムの皆様、廣木謙三・政策研究大学院大学教授・元国連水と衛生諮問委員会事務局長、齋藤晴美・元（一社）日本水土総合研究所理事長、進藤惣治・（国研）国際農林水産業研究センター農村開発領域長はじめ元在エジプトJICA専門家の北村浩二氏、同渡邉泰夫氏、野中振挙農林水産省大臣官房地方課災害総合対策室長、エジプトのマフムード・アブゼイド元水資源灌漑大臣・世界水評議会名誉会長・元アラブ水評議会会長・元国連水と衛生に関する諮問委員会諮問委員、アフマド・アル・マグラビ元住宅・施設・コミュニティ大臣、マグド・ジョージ元環境大臣、フセイン・エル・アトフィ元水資源灌漑副大臣（後に大臣）。

鴨長明が今の水の様子を見たら何と書いただろうか。そのようなことも時に思わざるをえないほど水をめぐる世界の状況は変わったように見えるのは著者だけであろうか。

石川　薫

索引

マ行

ヤ行

ラ行

ワ行

注・参考文献

第1章

1　市古貞次校注『新訂　方丈記』岩波書店、2004年、第29刷 pp. 1-2。

2　1991-2020年平均、気象庁「京都　平均値（年・月ごとの値）　主な要素」https://www.data.jma.go.jp/obd/stats/etrn/view/nml_sfc_ym.php?prec_no=61&block_no=47759&view=p1（2021年12月28日アクセス）。

3　鎌倉市「鎌倉市の現状把握」https://www.city.kamakura.kanagawa.jp/kankyo/documents/2syoh.pdf（2021年12月28日アクセス）。

4　例えばムベキ副大統領（当時）は 'sub-human' という言葉を1996年5月8日の新憲法制定記念演説 'I am an African' において使用した。

5　橋本龍太郎ホームページ、「橋本内閣総理大臣外交最高顧問のアフリカ訪問」http://www.ryu-hasimoto.net/report/katu23.html、なお筆者は同行していた（2022年2月12日アクセス）。

6　JICA「クワンデベレ給水事業」https://www.jica.go.jp/oda/project/SAF-P1/index.html（2020年2月28日アクセス）。

7　CLIMATE TO TRAVEL, "World climate guide", https://www.climatestotravel.com/climate/south-africa（2022年2月8日アクセス）。

8　マサイマラ国立公園 https://www.maasaimarakenyapark.com/information/stages-of-the-great-wildebeest-migration/（2020年2月29日アクセス）。

9　National Geographic 日本版 https://natgeo.nikkeibp.co.jp/atcl/news/17/062100234/（2020年2月29日アクセス）。

10　UNEP, "Environmental Changes Hotspots, Mt. Kilimanjaro", https://na.unep.net/atlas/webatlas.php?di=22（2020年2月29日アクセス）。

11　NHK「ダーウィンが来た、『巨大象キリマンジャロを登る！』」2019年11月4日放送。

12　NASA, Earth Observatory, "Tassel n'Ajjer National Park", https://earthobservatory.nasa.gov/images/49864/tassel-najjer-national-park（2020年2月29日アクセス）。

13　Michael Allaby, *Deserts*, Facts On File, Inc., New York, p. 126.

14　石川薫・小浜裕久『「未解」のアフリカ』勁草書房、2018年。

15　The Guardian, "Canada, Polar bear numbers in Canadian Arctic pose threat to Inuit, controversial report says", 13 Nov. 2018, https://www.theguardian.com/world/2018/nov/13/polar-bear-numbers-canadian-arctic-inuit-controversial-report（2020年2月29日アクセス）。

16　WWF, "Churchill's Polar Bears", https://www.worldwildlife.org/tours/churchill-s-polar-bears（2020 年 2 月 29 日アクセス）。
17　国連 WFP 協会「干ばつに苛まれるジンバブエ」https://ja.wfp.org/stories/ganhatsunikemarerushinhafue（2019 年 12 月 19 日アクセス）。
18　ユニセフ「サイクロン『イダイ』過去 20 年で最悪の被害　緊急支援を必要とする子ども 150 万人以上」2019 年 3 月 27 日、https://www.unicef.or.jp/news/2019/0048.html（2020 年 3 月 1 日アクセス）。
19　日本赤十字社「（速報 2）モザンビーク：サイクロン『イダイ』被災者救援」2019 年 4 月 12 日、https://www.jrc.or.jp/international/news/190412_005684.html（2020 年 3 月 1 日アクセス）。

第 2 章

1　宇宙航空研究開発機構 http://www.jaxa.jp/press/2007/11/20071113_kaguya_j.html（2020 年 3 月 2 日アクセス）。
2　日本船主協会 https://www.jsanet.or.jp/qanda/text/q1_02.html（2020 年 3 月 2 日アクセス）。
3　日本水フォーラム http://www.waterforum.jp/jp/resources/learning-material/（2020 年 3 月 2 日アクセス）。
4　アメリカ地質調査所 United States Geological Survey, "How Much Water is There on Earth ?", https://www.usgs.gov/special-topic/water-science-school/science/how-much-water-there-earth?qt-science_center_objects=0#qt-science_center_objects（2020 年 3 月 2 日アクセス）。
5　木内信蔵監修『最新世界地図』2 訂版、世界の植生帯、東京書籍、1993 年、p. 9、および、伊谷純一郎『ゴリラとピグミーの森』岩波新書、1961 年。
6　向後元彦『緑の冒険―沙漠にマングローブを育てる』岩波新書、1988 年、pp. 22-27。
7　向後元彦『海の森・マングローブをまもる　もう一つの地球環境問題』大日本図書、1993 年、pp. 11-12。
8　カユプテ（Melaleuca leucadendron）はフトモモ科メラレウカ属の大木。
9　マルタ・ヴァヌチ著、向後元彦・向後紀代美・鶴田幸一訳『マングローブと人間』岩波書店、2005 年、p. 95。
10　注 7 に同じ。
11　注 9 の p. 14。
12　西表野生動物保護センター https://iwcc.jp/iriomotecat/cat/（2020 年 3 月 5 日アクセス）。
13　注 9 の p. 51。
14　注 6 の pp. 11-12、および、三輪主彦『水水水　こぼれ話』リンゴブックス、窓社、1988 年。

15　東京海上日動「マングローブ植林活動」https://www.tokiomarine-nichido.co.jp/world/mangrove/project/（2020年9月5日アクセス）。

16　東京海上日動「マングローブワールド　マングローブの基礎知識」https://www.tokiomarine-nichido.co.jp/world/mangrove/about-mangrove/（2020年3月5日アクセス）。

17　注9のp. 37。

18　注9のp. 133。

19　ISMEホームページwww.mangrove.or.jp。

20　向後元彦『時空を超える旅　マングローブを巡って』A&F COUNTRY、2020年、pp. 87-88、および、総合地球環境学研究所アラブなりわいプロジェクト、マングローブ植林行動計画「JOURNEY OF MANGROVES IN EGYPT 2010」。

21　EGYPT INDEPENDENT, "Egypt launches project to plant mangrove trees along Red Sea coast", February 27, 2020, https://egyptindependent.com/egypt-launches-project-to-plant-mangrove-trees-along-red-sea-coast/（2020年9月6日アクセス）。

22　明治神宮ホームページhttp://meijijingu.or.jp/midokoro/（2020年3月6日アクセス）。

23　糺の森財団ホームページhttps://tadasunomori.or.jp/about/（2020年3月6日アクセス）。

24　下賀茂神社ホームページhttps://www.shimogamo-jinja.or.jp/oharai/（2020年3月6日アクセス）。

25　BRITANNICA, "Siwa Oasis", https://www.britannica.com/place/Siwa-Oasis（2020年3月4日アクセス）。

26　カナダ大西洋岸のハリファックスのPier21博物館に展示されている。

27　日本聖書協会、共同訳聖書実行委員会『聖書』1987年。

28　BBC, Religion, Hinduism, https://www.bbc.co.uk/religion/religions/hinduism/index.shtml（2020年3月6日アクセス）。

29　日本経済新聞電子版「ガンジス川の沐浴「危険」　汚染深刻と地元紙警鐘」2018年5月1日、https://nikkei.com/article/DGXMZO30032170R00C18A5CR8000/?s=3（2020年3月6日アクセス）。

30　United Nations, Department of Economic and Social Affairs, Population Division, "World Population Prospects 2019", https://population.un.org/wpp/Publications/Files/WPP2019_Highlights.pdf（2020年3月6日アクセス）。

31　注29に同じ。

32　The New York Times, Nov. 14, 2007, "Chinese Dam Projects Criticized for their human costs", https://www.nytimes.com/2007/12/14/world/asia/14iht-19dam-grwth4.8754477.html（2020年3月9日アクセス）。

33　司馬遼太郎『中国・蜀と雲南のみち、ワイド版、街道をゆく 20』朝日新聞社、2005 年、pp. 79-80。
34　UNESCO, World Heritage Convention, “Mount Qingcheng and the Dujiangyan Irrigation System”, https://whc.unesco.org/en/list/1001/（2020 年 3 月 9 日アクセス）。
35　JICA「マチュピチュ村をつくった男　野内与吉」『海外移住資料館だより』2019 年 3 月号。
36　シエサ・デ・レオン、増田義郎訳『インカ帝国地誌』岩波書店、2007 年、pp. 371-375。
37　ラウラ・ラウレニチック・ミネリ編著、増田義郎・竹内和世訳『‘The Inca World’ インカ帝国歴史図鑑』東洋書林、2002 年、p. 195, p. 210、マリア・ロストゥスキ「インカ」。
38　アンリ・ファーブル著、小池佑二訳『インカ文明』白水社文庫クセジュ、1977 年、pp. 10-19, 40-48 を参照。
39　関雄二『アンデスの考古学　改訂版』同成社、2010 年、p. 88。
40　UNESCO World Heritage Centre, “Chavin（Archeological Site）”, https://whc.unesco.org/en/list/330/（2020 年 3 月 7 日 アクセス）。
41　UNESCO World Heritage Convention, “The Historic Center of Cajamarca”, tentative list, https://whc.unesco.org/en/tentativelists/1646/（2021 年 11 月 16 日アクセス）。
42　注 39 の p. 202。
43　石川薫・小浜裕久『「未解」のアフリカ』勁草書房、2018 年、p. 139。
44　注 7 の p. 92、および、向後紀代美「北イエメンの文化地理学的考察」『お茶の水地理』第 24 号、1983 年。
45　A. H. Musaibli, A. A. Hamzi, and Xavier Richer, “Tourism in Democratic Yemen”, *Public Corporation for Tourism*, Aden, Editions delroisse, Boulogne, France.
46　ダムの説明は次を参照した：新藤静夫「乾燥地域の水」https://core.ac.uk/download/pdf/56648774.pdf（2021 年 11 月 14 日アクセス）および National Geographic, “‘Engineering Marvel’ of Queen of Sheba’s City Damaged in Airstrike”, https://www.nationalgeographic.com/science/article/150603-Yemen-ancient-Sheba-dam-heritage-destruction-Middle-East-archaeology（2021 年 11 月 13 日アクセス）。
47　アデンは、幕末以来「洋行」した日本人が必ず寄港する薪炭・水の補給地でもあった。
48　注 45 に同じ。
49　蔀勇造『エリュトラー海案内記 1』平凡社、2016 年、pp. 30-31。
50　エジプトは法的にはオスマン・トルコ帝国の支配下にあったのでモハメッ

ドアリ朝はいわば事実上の王朝。イギリスの軍事占領により実態においてはイギリスの保護国であったが、法的に保護国化したのは1914年に第1次世界大戦でオスマン・トルコ帝国がドイツ側についたときであった。

51 World Bank, http://documents1.worldbank.org/curated/en/679671468236037589/pdf/multi0page.pdf（2021年4月2日アクセス）。

52 World Bank, "PRESS RELEASE No. 615, December 22, 1959, SUBJECT: $56.5 million loan to Suez Canal Authority", https://documents1.worldbank.org/curated/en/979891591269381311/pdf/Announcement-of-Fifty-Six-Million-Five-Hundred-Thousand-Dollars-Loan-to-Suez-Canal-Authority-on-December-22-1959.pdf（2021年4月2日アクセス）。9民間銀行は、Bankers Trust Company, Bank of America N.T. & S.A., The First National City Bank of New York, Morgan Guaranty Trust Company of New York, The Chase Manhattan Bank., The Bank of Tokyo Ltd., Chemical Bank New York Trust Company, The Hanover Bank and The Riggs National Bank of Washington, D.C.

53 マイケル・オレン、滝川義人訳『第三次中東戦争全史』原書房、p. 17。

54 同上、pp. 55-56。

55 smart water magazine, Mark Zeitoun（Professor of Water Security at the University of East Anglia）, "Israel is hoarding the Jordan River – it's time to share the water", 20/12/2019, https://smartwatermagazine.com/blogs/mark-zeitoun/Israel-hoarding-jordan-river-its-time-share-water（2021年4月9日アクセス）。

56 BBC, "Obstacles to Arab-Israeli peace: Water", 2 September 2010, https://www.bbc.com/news/world-middle-east-11101797（2021年4月9日アクセス）。

57 同上。

58 PHYS.ORG, Patrick Moser, "Jordan River could die by 2011: report", May 2, 2010, https://www.phys.org/news/2010-05-jordan-river-die.html（2021年4月9日アクセス）。

第3章

1 Edited by Francesco Tiradritti, Photographs by Alardo De Luca, *The Treasures of the Egyptian Museum*, AUC Press, 2000, second printing, pp. 116-117、および、松本弥編著『古代エジプトの遺宝1　カイロ・エジプト博物館、ルクソール美術館への招待』弥呂久、1997年、p. 138。

2 同上 Edited by Francesco Tiradritti, Photographs by Alardo De Luca の pp. 60-61。

3 同上 pp. 82, 103。

4 同上 pp. 114-115。

5　Henri Gougaud et Colette Gouvion, *Voir L'egypte*, Hachettes Realites, 1976, p. 50.
6　河江肖剰『ピラミッド・タウンを発掘する』新潮社、2015 年、p. 127。
7　吉村作治「吉村作治のエジプトピア EGYPTPIA　古代エジプトの食：食べ物をめぐる暮らし―農作業」https://www.egypt.co.jp/?p=1047（2022 年 1 月 5 日アクセス）。
8　注 2 の pp. 82-83, 102。
9　河江肖剰氏にエジプトでご教示を得たほか、河江肖剰『ピラミッド・タウンを発掘する』新潮社、2015 年、および河江肖剰『河江肖剰の最新ピラミッド入門』NATIONAL GEOGRAPHIC、2016 年を参照・引用した。
10　河江肖剰『河江肖剰の最新ピラミッド入門』p. 14。
11　鈴木八司監修、ディルウィン・ジョーンズ著、嶺岸維津子・宮原俊一訳『船とナイル　大英博物館双書 4 古代エジプトを知る』學藝書林、1999 年、pp. 15-17。
12　注 1 の松本弥編著『古代エジプトの遺宝 1』p. 295。
13　サラディンはクルド出身のアユーブ朝の始祖。かつてエルサレムに攻め込んだ十字軍のイギリスのリチャード獅子心王は地元民を皆殺しにしたのに対し、奪還したサラディンは降伏した十字軍の騎士たちの帰国を許した。
14　Cairo360（www.Cairo360.com）, Sights & Travel, 05/07/2018, "This Historical Sight Is Finally Seeing the Renovation It Deserves" および、Tarek Torky, "Aqueduct" in Discover Islamic Art, Museum With No Frontiers, 2021, https://islamicart.museumwnf.org/database_item.php?id=monument;ISL;eg;mon01;27;en（2020 年 5 月 4 日アクセス）。
15　ゴードン将軍は清国に在勤中に太平天国の乱を収め、本名 Charles Gordon をもじって Chinese Gordon との愛称でも呼ばれた。
16　石川薫・小浜裕久『「未解」のアフリカ』勁草書房、2018 年、pp. 126-127。
17　同上 pp. 127-140
18　UNESCO, UNESCO World Heritage Centre, "Gasumo, la source la plus méridionale du Nil", https://whc.unesco.org/en/tentativelists/5144/（2020 年 4 月 25 日アクセス）。
19　DICOCITATIONS, "Le dictionaire des citations", https://www.dicocitations.com/citations/citation-59215.php および https://www.dicocitations.com/citations/citation-114948.php（2022 年 2 月 8 日アクセス）。
20　Reuters, "Factbox : The Nile River : treaties, facts and figures", July 9, 2011, https://www.reuters.com/article/us-sudan-nile-fb-idUSTRE76742R20110709（2020 年 4 月 23 日アクセス）。および BBC, "Abiy Ahmed : No force can stop Ethiopia from building dam", 22 October 2019, https://www.bbc.com/news/world-africa-50144451（2020 年 4 月 23 日アクセス）。
21　NASA, Earth Observatory, "Two Niles Meet", https://earthobservatory.

nasa.gov/images/81186/two-niles-meet（2020 年 4 月 23 日アクセス）。
22　Weather Atlas / Gondar, Ethiopia, https:///www.weather-atlas.com/en/ethiopia/gondar-climate（2022 年 2 月 24 日アクセス）。
23　佐藤政良「特集　世界の大河川の水資源管理」『ARDEC』2016 年 3 月号、p. 12 に詳しいグラフがある。
24　Espace pour la vie Montréal, Space for Life, “The Heliacal Rising of Sirius”, https://m.espacepourlavie.ca/en/monthly-sky/heliacal-rising-sirius および、鈴木八司監修『エジプト　読んで旅する世界の歴史と文化』新潮社、1999 年、2 刷 p. 244。
25　国立天文台暦計算室「暦 Wiki　歳差」:「地球の自転軸は常に同じ方向を向いているわけではありません。長い年月をかけて少しずつ変化していきます。（中略）この変動を歳差と呼びます。（後略）」https://eco.mtk.nao.ac.jp/koyomi/wiki/BAD0BAB9.html（2020 年 5 月 3 日アクセス）。
26　国立天文台暦計算室「暦 Wiki　古代エジプトのこよみ」https://eco.mtk.nao.ac.jp/koyomi/wiki/B8C5C2E5A5A8A5B8A5D7A5C8CEF1.html より筆者作成。
27　注 24 の鈴木八司監修『エジプト　読んで旅する世界の歴史と文化』p. 242、近藤二郎「エジプト人の命綱『ナイロメーター』」。
28　注 23 の佐藤政良 p. 12、および、注 24 の鈴木八司監修『エジプト　読んで旅する世界の歴史と文化』pp. 240–241、長沢栄治「『灌漑制度』の今と昔ナイルの治水と水利」。
29　注 24 の鈴木八司監修『エジプト　読んで旅する世界の歴史と文化』p. 246。
30　筑波大学磯田正美研究室 http://math-info.criced.tsukuba.ac.jp/museum/RhindPapyrus/free/geo/toi4/kaisetu/menu.html（2020 年 5 月 5 日アクセス）。
31　①北岡伸一・細谷雄一編『新しい地政学』東洋経済新報社、2020 年、②吉田勉「船舶技術に対するスエズ運河開通のインパクト」日本産業技術史学会誌『技術と文明』19 巻 1 号（第 36 冊）、p. 23 によれば、具体的距離は、ロンドン～ボンベイは喜望峰経由で 10,713 マイル、スエズ経由で 6,274 マイル、ロンドン～カルカッタは喜望峰経由 11,730 マイル、スエズ経由 7,900 マイル。
32　Le Monde Diplomatique, juin 1966, “Il y a dix ans – La nationalization du canal de Suez a marqhe un tournant dans les rapports entre l'Egypte et l' Occident”, pages 1 et 6.
33　European Business History Association, Suez Canal Company, “An International Company in Suez, 1856–1956”, https://ebha.org/ebha2007/pdf/Piquet.pdf（2021 年 4 月 19 日アクセス）。
34　イギリス政府、NATIONAL ARCHIVES, “British Battles, Egypt, 1882”, https://www.nationalarchives.gov.uk/battles/egypt/（2021 年 3 月 28 日アクセス）。
35　注 32 および 34 に同じ。

36 注 32 に同じ。

37 スエズ運河庁ホームページ、https://www.suezcanal.gov.eg/English/Pages/default.aspx（2021 年 3 月 22 日アクセス）。

38 注 32 に同じ。またエジプトが払った建設費用は、注 32 の Le Monde Diplomatique によれば、フランスの銀行家 Dervieu が 1871 年に行った研究では 3 億 5 千万フラン、*Mille Pertuis des finances du khedive* の著者 John Ninet によれば 4 億 5 千万フラン。

39 フランス語を共有する国などの機関。

40 World Bank, https://data.worldbank.org/indicator/SP.POP.TOTL?locations=ZG-EG&most_recent_value_desc=false（2020 年 5 月 6 日アクセス）。

41 The New York Times, "As Egypt's Population Hits 100 Million, Cerebration Is Muted", Feb. 11, 2020, https://www.nytimes.com/2020/02/11/world/middleeast/egypt-population-100-million.html（2020 年 5 月 6 日アクセス）。

42 国土交通省「国土の脆弱性」https://www.mlit.go.jp/common/000997376.pdf（2020 年 5 月 6 日アクセス）。

43 World Bank, https://data.worldbank.org/indicator/SP.POP.TOTL?locations=ZG（2020 年 5 月 6 日アクセス）。

44 同上。

45 Gebre Tsadik Degefu, "The Nile: Historical, Legal and Developmental Perspectives", *TRAFFORD*, p. 96.

46 1898 年、フランスがアフリカ横断政策を進めて西からジブチを目指して派遣した部隊と、縦断政策で南下していたイギリス軍部隊の衝突。

47 注 45 の p. 97。

48 同上、および、Zeray Yihdego, "The Blue Nile dam controversy in the eyes of international law : Part 1", Global Water Forum, June 18th, 2013, http://www.globalwaterforum.org/2013/06/18/the-blue-nile-dam-controversy-in-the-eyes-of-international-law/（2020 年 1 月 8 日アクセス）。

49 Patrick Loch Otieno Lumumba, "The Interpretation of the 1929 Treaty and its Legal Relevance and Implications for the Stability of the Region", *African Sociological Review*, 11(1), 2007, pp. 10–24.

50 Mwangi S. Kimenyi and John Mukum Mbaku, "The limits of the new "Nile Agreement"", Africa in Focus, BROOKINGS, https://www.brookings.edu/blog/africa-in-focus/2015/04/28/the-limits-of-the-new-nile-agreement/（2020 年 1 月 8 日アクセス）。

51 Nile Basin Initiative 事務局ホームページ https://www.nilebasin.org/nbi/（2020 年 5 月 15 日アクセス）。

52 World Bank, https://www.worldbank.org/en/country/ethiopia/overview（2020 年 5 月 15 日アクセス）。

53　Nile Basin Inisiative, “Agreement on the Nile River Basin Cooperative Framework”, https://www.nilebasin.org/images/docs/CFA%20-%20English%20%20FrenchVersion.pdf, p. 71（2022年2月8日アクセス）。

54　Nile Basin Initiative, “NBI STRATEGY 2017-2027”, https://www.nilebasin.org/media-center/infographics/76-nbi-strategy-2017-2027（2020年5月15日アクセス）。

55　Global Water Forum, “The Grand Ethiopian Renaissance Dam and the Blue Nile : Implication for transboundary water governance”, February 18th, 2013, http://www.globalwaterforum.org/2013/02/18/the-grand-ethiopian-renaissance-dam（2020年5月15日アクセス）。および、朝日新聞「ナイル川巨大ダムの衝撃」2019年8月18日付、毎日新聞「ナイル川めぐる綱引き今も」2009年10月5日付（筆者のインタビュー含む）。

56　BBC, “Ethiopia ratifies River Nile treaty amid Egypt tension”, 13 June 2013, https://www.bbc.com/news/world-africa-22894294（2020年1月8日アクセス）。

57　Goldman Sachs Next 11, https://www.goldmansachs.com/insights/archive/archive-pdfs/brics-book/brics-chap-13.pdf, 韓国、メキシコ、イラン、インドネシア、トルコ、エジプト、パキスタン、フィリピン、ナイジェリア、ベトナム、バングラデシュ（2020年6月12日アクセス）。

58　さらに2020年には1億人を超えたことは前述のとおり。

59　なお、コプト教徒がすなわち貧困なのではない。世界的な通信会社オラスコム社の一族はじめ富裕層も多い。

60　社団法人海外環境協力センター、環境省平成16年度環境省請負「21世紀初頭における環境・開発総合支援戦略策定（国別調査）エジプト・アラブ共和国」平成17年3月。

61　同上 pp. 49-78。

62　同上 p. 59。

63　The East African, “The mighty Nile, threatened by waste, warming, mega-dam”, March 20, 2020, http://www.theeastafrican.co.ke/news/africa/The-mighty-Nile-threatened-by-waste-warming-mega-dam/4552902-5498534-esl6jm/index.html（2022年2月8日アクセス）。

64　アブ・ゼイド大臣はアラブ水委員会の会長も兼ね、筆者はリソース・パーソンの一人として、アブ・ゼイド会長、スーダンのアルアハマディ元首相、イラクのラシード水資源大臣、アラブ経済委員会（Arab Economic Unity Council）のグリ事務局長、IFADのクリーヴァー副総裁とともに、第5回世界水フォーラムのアラブ地域全体会合のラウンドテーブル（2009年3月19日）に参加。そのモデレーターだったモナ・シャズリ女史はエジプトの人気トーク番組を持ち、その縁で後日同番組で水問題について話す機会を得た。

65　中村康明氏、進藤惣治氏、北村浩二氏、渡邉泰夫氏。中村氏の前任の野中振挙氏の人脈も大いに活きた。
66　The Washington Post, “The world’s longest river is in trouble”, March 22, 2018, https://www.washingtonpost.com/news/theworldpost/wp/2018/03/22/egypt/（2020 年 6 月 9 日アクセス）。
67　BBC News, “Death of the Nile”, https://www.bbc.com/news/amp/world-africa-41565944（2020 年 5 月 30 日アクセス）。
68　Jean-Louis Miège, “La navigation européenne à Alexandrie（1815–1865）”, https://www.persee.fr/doc/remmm_0035- 1474_1987_num_46_1_2195（2021 年 12 月 30 日アクセス）。
69　国会図書館「本の万華鏡第 14 回アフリカの日本、日本のアフリカ　第 1 章アフリカに渡った日本人」http://www.ndl.go.jp/kaleido/entry/14/1.html（2019 年 7 月 9 日アクセス）。
70　MIKE’S RAIWAY HISTORY, “RAILWAYS IN THE NILE VALLEY, Train Operation in Modern Egypt”, http://mikes.railhistory.railfan.net/r050.html（2020 年 4 月 9 日アクセス）、および、Grace’s Guide to British Industrial History, “Egyptian State Railways”, https://www.gracesguide.co.uk/Egyptian_State_Railways（2020 年 4 月 9 日アクセス）。
71　注 69 に同じ。
72　Academie Reims, Ministère de l’Education Nationale, Ministère de l’Enseignement superiéur et de la recherche, Média thèque Grand Troyes, Grand Troyes Communaute d’Agglomeration, “Marseille, Porte de l’Orient”, http://www.cndp.fr/crdp-reims/fileadmin/document/preac/patrimoine_mediatheque_troyes/3-_Marseille.pdf（2020 年 4 月 9 日アクセス）、および、L’encyclopedie des Messagerie Maritimes, “La ligne d’Extrême Orient”, http://www.messageries-maritimes.org/extreme-orient.htm（2020 年 4 月 9 日アクセス）。
73　Tim Doling, “HISTORIC VIỆT NAM – Tim Doling’s heritage portal – Old Saigon Building of the week – Eiffel’s Pont des Messageries Maritimes, 1882”, 15/01/2014, http://www.historicvietnam.com/the-rainbow-bridge-a-true-eiffel-classic/（2020 年 4 月 9 日アクセス）。
74　ユニセフ「世界の子どもたち、ベトナム：変わり始めた、“枯れ葉剤”の影響を受けた子どもたちの人生」2013 年 5 月 30 日、https://www.unicef.or.jp/children/children_now/vietnam/sek_vt11.html（2020 年 4 月 18 日アクセス）。
75　国立環境研究所「マングローブと環境問題」『国環研ニュース』2007 年度 26 巻 4 号：「東南アジアのマングローブ林が激減した最大の要因は、エビ養殖池への転換であると言われています。現在、世界で消費されているエビの大半が東南アジアのマングローブ域で生産されています。（中略）そして、このエ

ビの消費国第1位は他でもない日本です。」

76　国際協力事業団国際協力総合研究所「メコン川委員会の現状と展望に関する研究　報告書」1996年5月、https://openjicareport.jica.go.jp/pdf/11268281_01.pdf（2020年4月18日アクセス）。

77　The New York Times, "Damming in Lower Mekong, Devastating the Ways and Means of Life", Feb. 15, 2020, https://www.nytimes.com/2020/02/15/world/asia/mekong-river-dams-thailand.html（2020年4月18日アクセス）。

78　注76に同じ。

79　北村浩二「メコン河の水資源管理」『ARDEC』2016年3月号、pp. 31-35。

80　国土交通省「メコン地域開発支援」https://www.mlit.go.jp/kokusai/kokusai_tk3_000116.html、「メコン地域のインフラ分野における今後の支援のあり方（提言）」http://www.mlit.go.jp/sogoseisaku/inter/kokusai/mekon/pdf/mekong_j_01.pdf（2020年6月13日アクセス）、および、Asian Development Bank, "Greater Mekong Subregion", https://www.adb.org/sites/default/files/publication/28783/greater-mekong-subregion.pdf（2020年6月14日アクセス）。

81　注79に同じ。

82　THE ASEAN POST, "Lancang-Mekong Cooperation : Blessing or curse?", 3 April 2019, https://theaseanpost.com/article/lancang-mekong-cooperation-blessing-or-curse（2020年4月19日アクセス）。

83　バンコク発ロイター通信、"Chinese dams held back Mekong waters during drought, study finds", https://www.reuters.com/article/us-mekong-river-idUSKCN21V0U7（2020年4月19日アクセス）。

84　Stimson Center, "New Evidence: How China Turned Off the Tap on the Mekong River", https://www.stimson.org/2020/new-evidence-how-china-turned-off-the-mekong-tap（2020年4月19日アクセス）。

85　オーストラリアABC News, "China wants to dynamite the Mekong River to increase trade", 15 May 2017, http://mobile.abc.net.au/news/2017-05-15/china-wants-to-dynamite-the-mekong-river-to-increase-trade/8524008（2020年4月22日アクセス）。

86　The Japan Times, "New Mekong dam in Laos opens to protests from villagers in Thailand", REUTERS, Oct. 29, 2019, https://www.japantimes.co.jp/news/2019/10/29/asia-pacific/new-mekong-dam-laos-opens-protests-villagers-thailand/#.XpsglxhUs0M（2020年4月22日アクセス）。

87　注77に同じ。

88　同上。

89　レイチェル・カーソン著、蒼樹簗一訳『沈黙の春』新潮文庫、1985年。

第4章

1　蔀勇造『エリュトラー海案内記 2』平凡社、2016年、p. 213 解題。

2　同上、p. 214。

3　吉村作治『古代エジプトの謎―ピラミッド　太陽の船【篇】』中経出版、2010年、p. 226。

4　Basil Davidson, *AFRICA IN HISTORY, Themes and Outlines*, The Macmillan Company, New York, Oxford, Singapore, Sydney, 1969, p. 260.

5　注1の蔀勇造『エリュトラー海案内記 1』および、蔀勇造『エリュトラー海案内記 2』東洋文庫 874、平凡社、2016年。

6　家島彦一『海が創る文明―インド洋海域世界の歴史』朝日新聞社、1993年、pp. 68-69。

7　国立民族学博物館 Archives、久保正敏「海と人（5）―三角帆の発明」毎日新聞夕刊（2007年7月4日）に掲載、さらに、「ポリネシアに拡散した人々はそれ以前の3500年前ごろから、カニの爪（つめ）型と呼ばれる逆三角形の帆で定常的な南東貿易風に逆らって進んだという。」と述べている。https://older.minpaku.ac.jp/museum/showcase/media/ibunka/113（2021年4月20日アクセス）。

8　注6の p. 17。

9　同上 p. 17。

10　同上 p. 23。

11　同上 p. 382。なお pp. 381-454 に「インド洋海域が育てた船の文化と信仰」についての詳しい研究が記載されている。

12　同上 p. 24。

13　同上 pp. 7-8。

14　日本経済新聞電子版「古代インドネシア船を復元　遺跡調査に支援訴え」2010年7月3日 10:24、https://www.nikkei.com/article/DGXNASDG0300M_T00C10A7CC0000/（2021年5月9日アクセス）、および、In the Pontoon bridge「インドネシアの復元古代船が日本に向け出港！」https://karano.exblog.jp/14769167/（2021年5月9日アクセス）。ならびに、インドネシア文化宮（GBI-TOKYO）「西スラウェシの伝統船サンデックで黒潮海道を航海」2007年7月30日、https://grahabudayaindonesia.at.webry.info/200707/article_3.html（2021年5月9日アクセス）。

15　ポルトガル史については金七紀男『ポルトガル史』彩流社、2010年を参照した。

16　イギリスの歴史家 B. デビッドソンは、火器と遠洋航海用の船を除いては、アフリカ人の製造技術はヨーロッパとそれほど変わらないものであったこと、また、1505年にポルトガル人がキルワとモンバサを略奪したときには奇襲攻撃ということの他には2点しかアフリカ人に優位を持っていなかった、それは

船に大砲を積む能力およびヨーロッパ人の攻撃性であり、このヨーロッパ人の攻撃性は東洋のいかなる地方におけるよりもはるかに強烈なものであったと指摘している（Basil Davidson, *The Search for Africa*, James Currey, 1994, p. 56、石川薫・小浜裕久『「未解」のアフリカ』勁草書房、2018年、pp. 25-26）。

17　トルデシリャス条約（1494年、大西洋方面の両国境界線、スペインは基本的に南北アメリカを獲得）およびサラゴサ条約（1529年、東アジアの香料諸島などの両国境界線を明確化、ポルトガルはアフリカから東アジアを確保）。

18　石澤良昭・生田滋『世界の歴史13―東南アジアの伝統と発展』中央公論社、1998年、p. 346。

19　桜田美津夫『物語　オランダの歴史』中公新書2434、中央公論社、2017年、p. 143。

20　ここではインド洋を扱っているため、オランダ西インド会社やカリブ海と南米大陸におけるオランダ領には触れていない。

21　注18のpp. 388-389。

22　田村実造責任編集『世界の歴史9―最後の東洋的社会』中央公論社、1961年、pp. 487-488。

23　ルイ14世の母も妻もスペイン王家の出身。嗣子がいないハプスブルグ家最後のスペイン国王はルイ14世の孫フィリップを後継に指名。各国の思惑が絡んで戦争となったが、1713年のユトレヒト条約でフィリップがフェリペ5世としてスペイン国王になることが承認された。

24　注22のpp. 489-490。

25　青木澄夫『日本人のアフリカ「発見」』山川出版社、2000年、および、La Tribune de diego et du Nord de Madagascar, “L’actualité à Diego Suarez - Les premières années de Diego Suarez - Faire du tourisme à Diego Suarez au début des années 1920 (1)-,” 3 mars 2017.

26　紀脩一郎『日本海軍地中海遠征記』原書房、1979年、および、桜田久編集『日本海軍　地中海遠征秘録』産経新聞ニューサービス、1997年。

27　L’Histoire, “Discours de Jacques Chirac du 16 juillet 1995,” Le mercredi 16 mars 2016, https://www.lhistoire.fr/discours-de-jacques-chirac-du-16-juillet-1995（2022年1月2日アクセス）。

28　公安調査庁「パレスチナ解放人民戦線（PFLP）」米国FTO、1997年10月8日、https://www.moj.go.jp/psia/ITH/organizations/ME_N-africa/PFLP.html（2021年4月3日アクセス）。

29　Hassan Osman, Maj.-General Hassan El Badry, *The October War*, The General Egyptian Book Organization, Cairo, 1977, pp. 9-12.

30　『外交青書』1974年版、https://www.mofa.go.jp/mofaj/gaiko/bluebook/1974_1/s49-2-3-2.htm（2021年4月3日アクセス）。

31　Golda Meir, *My Life*, Futura Publications Limited, 1976, p. 353.

32　JETRO地域・分析レポート「物流の要衝スエズ運河が開通150周年、経済特区の開発で投資誘致（エジプト）」2019年12月26日、https://www.jetro.go.jp/biz/areareports/2019/a47eab45d33b8bbc.html（2021年3月22日アクセス）。
33　日本経済新聞「スエズ運河、通航再開」2021年3月30日付夕刊。
34　NHK総合テレビ・ニュース、2021年3月24日。
35　時事通信「スエズ運河、復旧難航　航路遮断で物流停滞恐れ」2021年3月25日、https://www.jiji.com/jc/article?k=2021032501019（2021年4月10日アクセス）。
36　祖父江利衛「1950年代後半〜60年代前半における日本造船業の建造効率と国際競争：建造実績世界一と西欧水準建造効率達成の幻影」政治経済学・経済史学会編『歴史と経済』51巻1号（2008年10月）、pp. 1-18。
37　日本経済新聞「出光興産、最新鋭大型原油タンカー「APOLLO ENERGY」が竣工」2019年4月19日、https://www.nikkei.com/article/DGXLRSP508116_Z10C19A4000000/、および、出光興産株式会社「大型タンカー日章丸（三世）就航」、https://www.idemitsu.com/jp/enjoy/history/idemitsu/chronicle/24.html（2021年4月10日アクセス）。
38　NHKプロジェクトX制作班編『プロジェクトX　挑戦者たち18―勝者たちの羅針盤「爆発の嵐　スエズ運河を掘れ」』日本放送出版協会、2003年、p. 22、JICA, "JICA WORLD", September 2011,「世界に開け　エジプトのスエズ運河」。
39　注38のNHKプロジェクトX制作班編 pp. 20-22。
40　五洋建設株式会社「プロジェクト紹介：スエズ運河改修プロジェクト #1 背水の陣を決断。浚渫船「スエズ」建造」、www.penta-ocean.co.jp/business/project/suez_story/index.html（2021年3月22日アクセス）。
41　注38のNHKプロジェクトX制作班編 p. 23。
42　『外交青書』昭和34年版、https://www.mofa.go.jp/mofaj/gaiko/bluebook/1959/s34-contents.htm（2021年4月10日アクセス）。
43　注40の五洋建設株式会社「プロジェクト紹介」によれば、「のちに政府機関のひとりとして再度エジプトを訪れた高崎達之助（元通産大臣）は工事中の現場に立ち寄り、その進捗状況を見て今中（水野組スエズ出張所長）にこう言ったそうである。『水野さんも、よくこんなことをやったものだなあ。私だったら、こんな思いきったことはようやらんわい。あの人は度胸があるというかー』」。
44　注40の五洋建設株式会社「プロジェクト紹介」。
45　『外交青書』https://www.mofa.go.jp/mofaj/gaiko/bluebook/index.html（2021年4月12日アクセス）。当時の政府の記録として一連の外交青書 を見ると次のように記述されており、政府ベースの協力について苦戦する中で民間企業の奮闘への期待がにじみ出ている。

①1961年（昭和36年）版

「昨年三月わが方のスエズ運河拡張工事計画に対する進出の可能性検討のため調査団を派遣したが、同調査団の派遣を契機として、わが国業界としても積極的協力体制を整え、急速に資本技術両面の協力援助が具体化したことは注目に値する動きである。」

②1962年（昭和37年）版

「かねてその推進をはかってきたスエズ運河拡充計画、シリア、ジョルダン、サウディ・アラビア三国にわたるヘジャース鉄道復旧計画の二大計画が本邦民間企業の資本技術両面の協力援助により具体化したことは注目に値する動きである。」

46　注38のNHKプロジェクトX制作班編、p. 24。

47　同上p. 39。

48　同上pp. 43-44、および外務省ホームページhttps://www.mofa.go.jp/mofaj/gaiko/oda/shiryo/hakusyo/04_hakusho/ODA2004/html/column/cl01003.htm（2021年3月22日アクセス）。

49　注38のNHKプロジェクトX制作班編pp. 45-62。

50　注48の外務省ホームページ。

51　Ahmed Mohammed Elmanakhly、森杉壽芳・吉田哲夫・奥山育英・東俊夫OCDI座談会「日本のスエズ運河に対するかかわりとこれから」一般財団法人国際臨海開発研究センター『OCDI誌』2014 WINTER, Vol. 4, pp. 4-9に、人材育成に直接かかわった人々によって当時のことが詳しく描かれている。

52　注32に同じ。

53　中日新聞「コラム世界の街　エジプト・スエズ　トンネル　改修は日本」2017年4月26日、https://tabi.chunichi.co.jp/from-the-world/170301suez.html、および、鹿島建設ホームページhttps://www.kajima.co.jp/gallery/const_museum/tunnel/main/article/tunnel_m_20.html（2021年4月14日アクセス）。

54　外務省ホームページ「ホスニ・ムバラク大統領訪日に際しての日本・エジプト共同声明（1999年4月11日-13日）」、https://www.mofa.go.jp/mofaj/kaidan/yojin/arc_99/m_seimei.html（2021年4月14日アクセス）。

55　外務省ホームページhttps://www.mofa.go.jp/mofaj/gaiko/oda/hanashi/stamp/chukinto/kt_egypt_01.html、および、鹿島建設ホームページhttps://www.kajima.co.jp/gallery/const_museum/hashi/main/article/hashi_m_20.html（2021年4月14日アクセス）。

56　外務省ホームページ「橋本外交最高顧問演説　橋本元総理スエズ運河架橋完成式典スピーチ」平成13年10月9日、https://www.mofa.go.jp/mofaj/press/enzetsu/13/ekh_1009.html（2021年4月14日アクセス）。

57　'On September the 11th, enemies of freedom committed an act of war against our country. Americans have known wars, but for the past 136 years

they have been wars on foreign soil, except for one Sunday in 1941', The Washington Post "Text: President Bush Addresses the Nation", eMediaMillWorks, Thursday, Sept. 20, 2001, https://www.washingtonpost.com/wp-srv/nation/specials/attacked/transcripts/bushaddress_092001.html (2021年4月14日アクセス)。

58　注32に同じ。

第5章

1　1912年発表の文部省唱歌「春の小川」から。

2　中村晋一郎「消えた『春の小川』に見る東京の川再生の糸口」『生産研究』64巻5号（2012年)、および、ミツカン水の文化センター「第4回里川文化塾『春の小川』の流れをめぐるフィールドワーク」http://www.mizu.gr.jp/bunkajuku/houkoku/004_20120205_haru.html（2021年9月30日アクセス)。

3　日本オリンピック委員会 https://www.joc.or.jp/olympism/kano/（2021年9月30日アクセス)。

4　福島慎太郎編『国際社会のなかの日本—平沢和重遺稿集』日本放送出版協会、1980年、pp. 143-144。

5　同上 p. 146。

6　当時の対日認識の一例を示せば、筆者の親は、1964年に西ヨーロッパのある国に在住しており、「日本には電車は走っているのか。」「エスキモーみたいな日本人に文明があるとは思えない。」と現地の一流の紳士から真顔で言われた経験がある。

7　アメリカ議会図書館 World Digital Library, "The Correspondence of Kanō Jigoro to Shimomura Hiroshi", https://tile.loc.gov/storage-services/service/gdc/gdcwdl/wd/l_/17/83/6/wdl_17836/wdl_17836.pdf（1938年4月4日付)、嘉納治五郎から下村宏大日本体育協会会長宛最後の書簡。

8　昭和40年（1965年）版の外交青書は1964年について、「『先進国としての国際的地位の確立』を名実ともに実現しえた年であった。」と記した。

9　'Quand l'Empire perd la générosité, ce n'est plus l'Empire.'（ここでいう帝国とは、彼がつくった国のことを意味する。)

10　BBC「旧ユーゴのムラディッチ被告、終身刑が確定　ボスニア虐殺の罪」、https://www.bbc.com/japanese/57408988（2022年1月11日アクセス)。

11　ドイツ連邦共和国大使館・総領事館 https://japan.diplo.de/ja-ja/themen/politik/berliner-mauer/ 931552（2021年5月15日アクセス)。

12　CSCE「パリ憲章」"THE CHARTER OF PARIS FOR A NEW EUROPE", Monday, November 19, 1990, https://www.csce.gov/international-impact/publications/charter-paris-new-europe（2021年5月15日アクセス)。

13　ユニセフ日本協会「ユニセフの主な活動分野／水と衛生」「改善された水

源：外部からの汚染、特に人や動物の排泄物から十分に保護される構造を備えている水源。例えば、水道、管井戸、保護された掘削井戸、保護された泉、あるいは、雨水や梱包されて配達される水など。」https://www.unicef.or.jp/about_unicef/about_act01_03_water.html#:~: (2021年5月15日アクセス)。

14　UNDP駐日代表事務所「ミレニアム開発目標（MDGs）」http://www.undp.or.jp/aboutundp/mdg/mdgs.shtml（2021年5月13日アクセス）、および、国際連合広報センター https://www.unic.or.jp/activities/economic_social_development/sustainable_development/2030agenda/global_action/mdgs/（2021年5月13日アクセス）。

15　United Nations, Economic and Social Council, “General comment no.15 (2002), The right to water”, https://digitallibrary.un.org/record/486454（2021年5月13日アクセス）。筆者が和訳した。

16　WHO, “Water for health enshrined as a human right”, https://www.who.int/news/item/27-11-2002-water-for-health-enshrined-as-a-human-right（2021年5月13日アクセス）。筆者が和訳した。

17　UNICEF, Diarrhoea, https://data.unicef.org/topic/child-health/diarrhoeal-disease（2021年1月4日アクセス）。

18　2019年10月のユニセフ統計によれば、5歳未満児の下痢による死亡者数は減少し、死因に占める割合も減ってきている。https://data.unicef.org/resources/dataset/diarrhoea/（2020年3月29日アクセス）。

2000年　死者数 1,237,792人　死因に占める％　12％
2010年　死者数　703,579人　死因に占める％　10％
2016年　死者数　477,293人　死因に占める％　 8％

19　厚生労働省「死因順位（第5位まで）別にみた死亡数・死亡率（人口10万対）の年次推移」https://www.mhlw.go.jp/toukei/saikin/hw/jinkou/suii09/deth7.html（2020年3月29日アクセス）。

20　厚生労働省「平均余命の年次推移」https://www.mhlw.go.jp/toukei/saikin/hw/life/life10/sankou02.html（2020年3月30日アクセス）。

21　世界銀行は2021年の低所得国は前年の1人当たりGNIが1,045ドル以下、2020年の低所得国は前年の1人当たりGNIが1,035ドル以下としている。https://blogs.worldbank.org/opendata/new-word-bank-country-classifications-income-level-2021-2022（2022年2月11日アクセス）。

22　WHO, “The top 10 couses of death”, 9 December 2020, https://www.who.int/news-room/fact-sheets/detail/the-top-10-causes-of-death（2022年1月4日アクセス）。

23　WHO, “1 in 3 people globally do not have access to safe drinking water – UNICEF, WHO”, https://www.who.int/news-room/detail/18-06-2019-1-in-3-people-globally-do-not-have-access-to-safe-drinking-water-unicef-who（2020年

3月29日アクセス)。
24 同上。
25 UNECA and UNICEF, *Atlas of the African Child.*
26 橋本龍太郎ホームページ、「橋本龍太郎ギャラリー、水とのかかわり」http://www.ryu-hasimoto.net/top.html(2006年6月13日アクセス)。
27 News report from New Delhi Television Limited (NDTV), dated July 15, 2014, http://www.ndtv.com/article/india/poor-sanitation-in-india-may-afflict-well-fed-children-with-malnutrition-558673(2015年3月15日アクセス)。
28 The New York Times, "Poor Sanitation in India May Afflict Well-Fed Children With Malnutrition", https://www.nytimes.com/2014/07/15/world/asia/poor-sanitation-in-india-may-afflict-well-fed-children-with-malnutrition.html(記事は2014年7月13日付)。
29 CNN, "Half of India couldn't access a toilet 5 years ago. Modi built 110M latrines-but will people use them?", October 6, 2019, https://www.edition.cnn.com/2019/10/05/asia/india-modi-open-defacation-free-intl-hnk-scli/index.html(2020年4月1日アクセス)。
30 「万人のための教育 Education for All」は1990年に始まった世界的な識字運動。初等教育普及、教育における男女格差解消、包摂的教育、成人識字教育など を掲げ、2000年には「ダカール行動計画」が策定されて具体的行動についてあらためて合意された。また、2000年のミレニアム開発目標(MDGs)、2015年の持続可能な開発目標(SDGs)においても教育は主要な目標とされた。
31 国際協力機構 JICA「『万人のための教育』支援のための小学校建設計画(第3期)」https://www.jica.go.jp/oda/project/0504500/index.html 2019年11月14日アクセス。
32 日本国際フォーラム「『人間の安全保障』の課題と日本の外交戦略」研究会報告書、2015年3月、p. 8。
33 UNICEF Indonesia, "Water, sanitation and hygiene", https://www.unicef.org/indonesia/water-sanitation-and-hygiene(2020年4月1日アクセス)。
34 Le Monde Diplomatique, "Le Tabou des excréments, péril sanitaire et écologique" 2010年1月号。筆者が和訳した。
35 外務省「『2008年国際衛生年』決議案の国連総会本会議における採択について」平成18年12月21日、https://www.mofa.go.jp/mofaj/press/release/18/rls_1221a.html(2014年7月7日アクセス)。
36 国土交通省「皇太子殿下の国連『水と衛生に関する諮問委員会』名誉総裁ご就任に関する宮内庁の発表について」平成19年11月1日、https://www.mlit.go.jp/kisha/kisha07/03/031101_2_.html(2020年4月1日アクセス)。
37 宮内庁「皇太子殿下 アメリカ合衆国ご旅行時のおことば(仮訳)」、https://www.kunaicho.go.jp/okotoba/02/speech/speech-h27az-america-j.html

(2020年4月1日アクセス)。
38 Dutch Water Sector, "Dutch king Willem-Alexander: International community must roll up sleeves for remaining water challenges", https://www.dutchwatersector.com/news/dutch-king-willem-alexander-international-community-must-roll-up-sleeves-for-remaining-water(2020年4月1日アクセス)。
39 WTOホームページ https://worldtoilet.org/ (2020年4月1日アクセス)。
40 外務省「持続可能な開発に関するヨハネスブルグ宣言(仮訳)」https://www.mofa.go.jp/mofaj/gaiko/kankyo/wssd/sengen.html (2020年3月29日アクセス)。
41 日本は1990年代から水と衛生分野で世界のトップドナーで、2000年代には「年平均25億ドル、ODA全体の15%近くの支援を行って」いた。(平成26年10月31日、城内外務副大臣の国連水と衛生諮問委員会第23回会合におけるスピーチ、http://www.mofa.go.jp/mofaj/ic/gic/page3_000986.html (2014年6月12日アクセス)。)
42 外務省「きれいな水を人々へ(世界の貧しい人々への安全な水及び衛生の提供に関する日米パートナーシップ)(仮訳)」https://www.mofa.go.jp/mofaj/gaiko/kankyo/wssd/clearw.html (2014年6月12日アクセス)。
43 国土交通省「第3回世界水フォーラム」https://www.mlit.go.jp/common/001125549.pdf (2021年5月21日アクセス)。
44 国土交通省「世界水フォーラム(World Water Forum)」https://www.mlit.go.jp/mizukokudo/mizsei/mizukokudo_mizsei_fr2_000035.html (2021年5月22日アクセス)。「世界各国の政府、国際機関、学識者、企業およびNGOにより、包括的な水のシンクタンクとして「世界水会議(WWC)」が1996年(平成8年)に設立されました。このWWCにより運営される「世界水フォーラム(WWF)」が3年に1度開催されており、様々な関係者が地球規模で深刻化が懸念される水問題に対しての情報提供や政策提言を行う場となっています。」
45 注18に同じ。
46 UNDP駐日代表事務所 https://www.jp.undp.org/content/tokyo/ja/home/sustainable-development-goals.html (2020年3月30日アクセス)。
47 The United Nations, https://sustainabledevelopment.un.org/post2015/transformingourworld (2020年3月30日アクセス)。
48 外務省「地球環境、持続可能な開発」https://www.mofa.go.jp/mofaj/gaiko/kankyo/wssd/wssd.html (2015年12月20日アクセス)。および、UN Decade of Education for Sustainable Development, "We have WEHAB", https://www.gdrc.org/sustdev/un-desd/wehab.html (2020年3月20日アクセス)。
49 渡邉松男(新潟県立大学教授(当時))「日本国際フォーラム「『人間の安全保障』の課題と日本の外交戦略」研究会報告書の第2章第2節「ガーナの保健衛生・栄養分野の状況について」pp. 21–32、2015年3月。

50　ベルリン会議（1884～85年）では、アフリカの海外線を抑えたヨーロッパの国がお互いの海岸線の接点から内陸に向かって垂直に線を引いた後背地を、それぞれの植民地とすると決定した。アフリカの王国は分断され、また異なる言語を話す旧近隣国の国民の一部ずつが同じ植民地に組み込まれたりした。

51　EDUCATIONGHANA, "Statement on the Occasion of the First National Sanitation Day by H. E. John Dramani Mahama – President of the Republic of Ghana", https://educationgh.wordpress.com/2014/10/31/statement-on-the-occasion-of-the-first-national-sanitation-day-by-h-e-john-dramani-mahama-president-of-the-republic-of-ghana/（2022年1月5日アクセス）、および、The Accra Report, November 1, 2014, "President John Dramani Mahama Joins Ghana's First National Sanitation Day Celebrations", https://www.ghanastar.com/stories/president-john-dramani-mahama-joins-ghanas-first-national-sanitation-day-celebrations/（2017年6月21日アクセス）。

52　アメリカCDC（Centers for Disease Control and Prevention), "Global Health – Ghana", https://www.cdc.gov/globalhealth/countries/ghana/default.htm（2020年3月28日アクセス）。

53　石川薫・小浜裕久『「未解」のアフリカ』勁草書房、2018年、pp. 283–285。および、佐藤都喜子・岸田袈裟「サハラ以南アフリカにおける人口対策：生活改善をエントリー・ポイントとした村落レベルの人口教育—ケニア・エンザロでの活動事例—」JICA緒方研究所『国際協力研究』通算25号事例研究3（1997年4月）。

54　同上石川・小浜のp. 258。

55　UNESCO, "Education and gender equality", https://en.unesco.org/themes/education-and-gender-equality（2020年4月2日アクセス）。

56　熊本県ホームページ「水俣病の発生・症候」https://www.pref.kumamoto.jp/kiji_4511.html（2020年3月16日アクセス）。

57　水俣病、第二水俣病（新潟水俣病）、四日市ぜんそく、イタイイタイ病。この四大公害病の発生を受け昭和42年、公害対策に関する日本の基本法である「公害対策基本法」が制定され、平成5年環境基本法施工に伴い統合・廃止された（環境省ホームページ https://www.env.go.jp/policy/hakusho/h26/html/hj14040110.html#n4_1_10_6（2020年3月6日アクセス））。

58　環境省『環境白書　昭和48年版』。

59　日本国際フォーラム「『人間の安全保障』の課題と日本の外交戦略」研究会報告書、2015年3月、pp. 33–35、石川薫「第2章第3節　カンボジア（地方自治体との連携例ほか）」。

60　同上。

61　外務省ホームページ「国際協力の現場から04　設備と人材をつなぎ安全な水を届ける～北九州市上下水道局によるカンボジアへの支援～」https://

www.mofa.go.jp/mofaj/gaiko/oda/shiryo/hakusho/13_hakusho/column/column04.html（2020年4月4日アクセス）。

62　同上。なお同趣旨を筆者にもプノンペンで語った（2014年6月26日）。

63　西日本新聞「カンボジアで水道の奇跡再び　北九州市が人材育成支援　地方8都市で日本流伝授」2018年5月24日、https://www.nishinippon.co.jp/item/n/418956/（2020年4月4日アクセス）。

64　同上。

65　注59に同じ。

66　JICAプレスリリース「カンボジア向け無償資金贈与契約の締結：プノンペン初の公共下水道施設の整備を通じた首都住民の生活環境改善に貢献」2019年11月5日、https://www.jica.go.jp/mobile/press/2019/20191105_10.html（2020年4月4日アクセス）。

67　公益財団法人日本国際フォーラム「『人間の安全保障』の課題と日本の外交戦略　研究会報告書」2015年3月、pp. 70–75、および、日本ポリグル株式会社ホームページ「製品情報：水処理分野」http://www.poly-glu.com/product_information/index.htm（2020年4月5日アクセス）、および、Manegyニュース【賢者の視座】日本ポリグル株式会社　小田兼利「途上国の280万人へ安全な水と水ビジネスを提供。病気と貧困から人々を救う。」2019年2月14日付、https://www.manegy.com/news/detail/899（2020年4月5日アクセス）。

68　首相官邸ホームページ「日本トイレ大賞」https://www.kantei.go.jp/jp/headline/brilliant_women/toilet.html、最終更新日：平成28年3月24日（2020年4月5日アクセス）。

69　JICAトピックス（2015年10月以降）「【TICAD 7に向けて～私とアフリカ～：Vol. 4】JICAと企業の連携で育ったトイレ事業が、現地の生活を変える：LIXILソーシャル・サニテーション・イニシアティブ部　山上遊さん」https://www.jica.go.jp/topics/2018/20190326_01.html（2020年4月5日アクセス）、および、LIXILホームページ「1億人の衛生環境を改善する。」https://www.biz-lixil.com/column/technology_design/message/improve.html（2022年1月5日アクセス）。

70　LIXIL「ステークホルダーエンゲージメント」https://www.lixil.com/jp/sustainability/society/stakeholder.html（2022年1月5日アクセス）、および、朝日新聞「2030SDGsで変える「みんなにトイレをプロジェクト」トイレを利用できない23億人を救いたい」2018年6月19日、https://miraimedia.asahi.com/lixil_minnanitoirewopj/（2020年4月5日アクセス）。

71　United Nations, A/RES/70/1, General Assembly, 21 October 2015, "Resolution adopted by the General Assembly on 25 September 2015, 70/1. Transforming our world: the 2030 Agenda for Sustainable Development".

72　外務省「SDGsとは」https://www.mofa.go.jp/mofaj/gaiko/oda/sdgs/about/

index.html に「仮訳」として掲載（2021 年 5 月 15 日アクセス）。

73　WTO, https://www.who.int/water_sanitation_health/monitoring/coverage/indicator-6-1-1-safely-managed-drinking-water.pdf（2022 年 1 月 4 日アクセス）。

74　日本ユニセフ協会「ユニセフ・WHO による最新データ　21 億人が安全な飲み水を入手できず安全なトイレは 45 億人が使用できず SDGs の指標に基づく初の報告書発表」https://www.unicef.or.jp/news/2017/0146.html（2021 年 5 月 21 日アクセス）。

75　WHO, https://www.who.int/water_sanitation_health/monitoring/coverage/explanatorynote-sdg-621-safelymanagedsanitationsServices161027.pdf（2021 年 5 月 21 日アクセス）。

76　注 74 に同じ。

77　国連広報センター、プレスリリース 18-014-J「水の国際行動の 10 年―2018-2028 世界的な水危機を回避するために」2018 年 3 月 21 日、https://www.unic.or.jp/news_press/features_backgrounders/27687/（2021 年 5 月 21 日アクセス）。

第 6 章

1　磯田浩『火と人間』法政大学出版局、2004 年、p. iv（東大名誉教授、元都立科学技術大学学長、1956 年、「無重力状態における燃料液滴の燃焼」論文で国際燃焼学会シルバー賞を故熊谷清一郎教授と共同受賞）。

2　国連人口基金駐日事務所「世界人口白書 2021」https://tokyo.unfpa.org/ja/SWOP2021（2021 年 7 月 3 日アクセス）。

3　内閣府「平成 16 年版少子化社会白書」。

4　1921 年の第 2 回 Pan Africa 会議が発出した 'London Manifesto' では、白人入植地の植民地に対してそのほかの植民地を 'coloured colonies' と呼び、2 種類の植民地に対するイギリス政府の自治権付与政策の違いを強く批判した。

5　国連データブックレット "The World's Cities in 2018"（2021 年 7 月 13 日アクセス）。

6　国連開発計画（UNDP）駐日代表事務所「目標 11：住み続けられるまちづくりを」https://www.jp.undp.org/content/tokyo/ja/home/sustainable-development-goals/goal-11-sustainable-cities-and-communities.html（2021 年 7 月 3 日アクセス）。

7　東京都水道局、広報・広聴「東京水道名所　村山・山口貯水池（多摩湖・狭山湖）」https://www.waterworks.metro.tokyo.jp/kouhou/meisho/murayama.html（2020 年 3 月 20 日アクセス）。

8　東大和どっとネット、東大和の歴史「村山貯水池（多摩湖）に沈んだ古村の移転」https://higashiyamato.net/higashiyamatonorekishi/2019/01/21/

kosonnnoitenn/（2020 年 3 月 20 日アクセス）。
9　東大和市「狭山丘陵の自然と風景探訪」http://www.city.higashiyamato.lg.jp/index.cfm/34,92565,c,html/92565/20180719-175822.pdf（2020 年 3 月 20 日アクセス）。
10　東大和どっとネット、東大和の歴史「勝楽寺地域からの移転（山口貯水池に沈んだ集落東大和市）」https://higashiyamato.net/higashiyamatonorekishi/2019/08/18/syourakujikaranoitenn/（2020 年 3 月 20 日アクセス）。
11　一般財団法人日本ダム協会「日本 100 ダム　小河内ダム［東京都］」http://damnet.or.jp/cgi-bin/binranA/All.cgi?db4=0692（2020 年 3 月 20 日アクセス）。
12　同上。
13　同上。
14　一般財団法人日本ダム協会「文献に見る補償の精神【4】「帝都の御用水の爲め」（小河内ダム）」http://damnet.or.jp/cgi-bin/binranB/TPage.cgi?id=236。なおこの文献の冒頭次の注書がある：「これは、財団法人公共用地補償機構編集、株式会社大成出版社発行の「用地ジャーナル」に掲載された記事の転載です。」
15　東京都水道局、広報・広聴「小河内ダムの紹介」https://www.waterworks.metro.tokyo.jp/kouhou/pr/ogochi（2020 年 3 月 21 日アクセス）。
16　注 11 に同じ。
17　同上。
18　注 14 に同じ。
19　山梨歴史文学館、山口素堂資料室「山梨県偉人伝　楽土を拓く　安池興男清里開拓」NHK 甲府放送局編『甲州庶民伝』一部加筆、昭和 52 年刊、http://kamanasi4321.livedoor.blog/archives/1364519.html（2020 年 3 月 24 日アクセス）。
20　『昭和文学全集』第 11 巻、尾崎一雄・丹羽文雄・石川達三・伊藤整「石川達三―日蔭の村」小学館、2003 年初版第 2 刷、p. 612。
21 World Bank, https://data.worldbank.org/indicator/NY.GDP.PCAP.CD?locations=SG（2021 年 7 月 14 日アクセス）。2019 年の 1 人当たり GDP はシンガポールが 65,641 米ドル、日本が 40,778 米ドル。
22　外務省ホームページ「シンガポール共和国（Republic of Singapore）基礎データ」https://www.mofa.go.jp/mofaj/area/singapore/data.html#section1（2021 年 7 月 14 日アクセス）。
23　シンガポール公益事業庁 https://www.pub.gov.sg/watersupply/fournationaltaps/importedwater（2021 年 7 月 15 日アクセス）。
24　シンガポールの輸入価格は 1,000 ガロン当たり 3 セン（マレーシアの通貨、1 リンギット＝ 100 セン）、シンガポールが浄水してジョホールに売る価格は

1000ガロン当たり50セン）、シンガポール政府“Can the prices in the 1962 Water Agreement be revised? And how do we achieve long-term water security?”, Published on 09 Jul 2018, https://www.gov.sg/article/can-the-prices-in-the-1962-water-agreement-be-revised（2021年7月15日アクセス）。

25 The Straits Times, “Malaysia PM Mahathir Mohamad wants to raise price of raw water sold to Singapore by more than 10 times,” https://www.straitstimes.com/asia/se-asia/malaysia-pm-mahathir-mohamad-wants-to-raise-price-of-raw-water-sold-to-singapore-by（2021年12月27日アクセス）。

26 シンガポール公益事業庁、“Marina Barrage”, https://www.pub.gov.sg/marinabarrage/aboutmarinabarrage（2021年7月15日アクセス）。

27 シンガポール公益事業庁、“NEWater, The 3rd National Tap”, https://www.pub.gov.sg/watersupply/fournationaltaps/newater、および、Tang Chay Wee and Soh Yee Ling「シンガポールにおける水資源管理の取り組み」『日立評論』Vol. 101, No. 4, pp. 438–443、ならびに、岩谷俊之主席研究員「NEWater、飲みたくないですか？」株式会社東レ経営研究所、2010年8月1日、https://cs2.toray.co.jp/news/tbr/newsrrs01.nsf/0/8ACB9D1383E02FE149258340001F4036?open（2021年7月15日アクセス）。

28 国連 https://www.un.org/waterforlifedecade/winners2014.shtml（2021年7月15日アクセス）および https://www.un.org/waterforlifedecade/ceremony2014.shtml（2022年2月11日アクセス）。

29 シンガポール公益事業庁 “Save Water”, https://www.pub.gov.sg/savewater（2022年2月11日アクセス）。

30 「3 自分たちで水を引く」は、NHK「プロジェクトX」制作班編『プロジェクトX挑戦者たち（15） 技術者魂よ、永遠なれ―命の水 暴れ川を制圧せよ～日本最大 愛知用水・13年のドラマ』NHK出版、2002年、を参照した。引用は同 pp. 91–92。

31 愛知県「知多の農業概要」2018年3月13日更新、https://www.pref.aichi.jp/soshiki/chita-nourin/0000044276.html（2020年3月20日アクセス）。

32 筆者が2004年にWFPの世界大会において当時のジム・モリス事務局長に招かれてスペシャル・ゲスト・スピーカーとして行ったスピーチ：“World Hunger？What’s my dream to solve this problem? − Special Guest Address at WFP Dublin Global Meeting Opening Ceremony − ”, June 7, 2004 by Kaoru ISHIKAWA, Director-General of the Multilateral Cooperation Department, Ministry of Foreign Affairs Japan, https://www.mofa.go.jp/policy/economy/fishery/wfp0406.pdf（2021年9月16日アクセス）。

33 国連WFP協会 https://ja.wfp.org/jawfp（2021年9月14日アクセス）。

34 WFP, https://ja.wfp.org/corporate/donation/list、および https://ja.wfp.org/corporate/donation（2021年9月14日アクセス）。

35　国連 WFP 協会、http://119.245.211.13/about/community.html（2021 年 9 月 14 日アクセス）。

36　WFP, "School feeding", https://www.wfp.org/school-meals（2021 年 9 月 16 日アクセス）

37　国連 WFP 協会「学校給食支援」、https://ja.wfp.org/school-meals（2021 年 9 月 16 日アクセス）。

38　第 5 章注 21 に同じ（2021 年 9 月 19 日アクセス）。

39　WFP, "School feeding programmes in low- and lower-middle-income countries, A focused review of recent evidence from impact evaluations", April 2021, https://api.godocs.wfp.org/api/documents/WFP-0000126779/download/（2021 年 9 月 19 日アクセス）。

40　WHO および UNICEF の活動 "Water Sanitation and Health - Water supply, sanitation and hygiene monitoring", https://www.who.int/teams/environment-climate-change-and-health/water-sanitation-and-health/monitoring-and-evidence/water-supply-sanitation-and-hygiene-monitoring（2021 年 9 月 19 日アクセス）、なお、hygiene について 'Hygiene has long-established links with public health, but was not included in any MDG targets or indicators. The explicit reference to hygiene in the text of SDG target 6.2 represents increasing recognition of the importance of hygiene and its close links with sanitation. Hygiene is multi-faceted and can comprise many behaviours, including handwashing, menstrual hygiene and food hygiene.(…)' と指摘している。

41　注 36 に同じ、また、地産地消による学校給食活動などについては次の WFP ホームページに詳述されている。https://www.wfp.org/home-grown-school-feeding（2021 年 9 月 16 日アクセス）。

42　日本ユニセフ協会「スクール・フォー・アフリカ、学校の井戸がまた使えるようになったよ！」https://www.unicef.or.jp/sfa/report/ido.html（2021 年 9 月 14 日アクセス）。なお、「スクール・フォー・アフリカ」とは、小学校に通うことのできない子どもの数は世界で約 5,900 万人、その半数以上はサハラ以南のアフリカの子どもたちであることを踏まえて、アフリカの子どもたちへの教育機会を拡大し、教育の質を向上することを目的としてユニセフが立ち上げた教育支援プログラム。https://www2.unicef.or.jp/webapp/controller/bokin/monthly_input.php? mstype=sfa（2021 年 9 月 14 日アクセス）。

著者紹介

石川　薫（いしかわ　かおる）

外務省国際社会協力部長，東大大学院客員教授，経済局長，エジプト大使，カナダ大使などを経て，現在，川村学園理事，国際教養大学客員教授，水の安全保障戦略機構執行審議会委員など。著書に『アフリカの火』（学生社，1992 年），*Nation Building and Development Assistance in Africa*（PALGRAVE MACMILLAN, 1999），『「未解」のアフリカ』（共著，勁草書房，2018 年），*The Challenge of Making Cities Livable in East Asia*（共著，World Scientific, Singapore, 2016），『統合 EC のすべて』（編著，日本経済新聞社，1992 年），など。

中村康明（なかむら　やすあき）

1999 年農林水産省入省，在エジプト大使館経済班，香川県農政水産部土地改良課，農林水産省農村振興局，同省大臣官房国際部などを経て，現在，国土交通省水管理・国土保全局水資源部水資源計画課企画専門官（水資源開発基本計画担当）。

アフリカから始める水の話

2022年 4 月15日　第 1 版第 1 刷発行

著　者　石《いし》　川《かわ》　　薫《かおる》
　　　　中《なか》　村《むら》　康《やす》　明《あき》

発行者　井　村　寿　人

発行所　株式会社　勁《けい》　草《そう》　書　房

112-0005 東京都文京区水道2-1-1　振替 00150-2-175253
（編集）電話 03-3815-5277／FAX 03-3814-6968
（営業）電話 03-3814-6861／FAX 03-3814-6854

平文社・松岳社

ISBN978-4-326-24852-0　　Printed in Japan